U0151648

应用型本科院校高等应用数学基础教材

线性代数

（经管类）

主　编　于晓庆

副主编　王建军　邱　翔　耿兴波

上海交通大学出版社

SHANGHAI JIAO TONG UNIVERSITY PRESS

内容提要

本书共5章，包括行列式、矩阵、线性方程组、矩阵的对角化和二次型，主要介绍了线性代数的基本理论和方法．本书注重对基本概念、定理和公式的介绍，内容精炼，结构完整．同时，在各章节末提供了该章节所介绍的线性代数方法在经济数学模型上的应用和分析，以帮助学生加深理解线性代数的思想和方法，培养学生具有一定分析和解决实际问题的能力．

本书不仅可作为应用型本科院校经管类专业线性代数课程的教材，也可作为教师的教学参考用书．

图书在版编目(CIP)数据

线性代数：经管类／于晓庆主编．—上海：上海交通大学出版社，2020
ISBN 978-7-313-23491-9

Ⅰ．①线…　Ⅱ．①于…　Ⅲ．①线性代数—高等学校—教材　Ⅳ．①O151.2

中国版本图书馆CIP数据核字(2020)第120559号

线性代数(经管类)
XIANXING DAISHU (JINGGUANLEI)

主　　编：于晓庆
出版发行：上海交通大学出版社　　地　　址：上海市番禺路951号
邮政编码：200030　　电　　话：021-64071208
印　　制：苏州市古得堡数码印刷有限公司　　经　　销：全国新华书店
开　　本：787 mm×1092 mm　1/16　　印　　张：8.75
字　　数：198千字
版　　次：2020年8月第1版　　印　　次：2020年8月第1次印刷
书　　号：ISBN 978-7-313-23491-9
定　　价：55.00元

版权所有　侵权必究
告读者：如发现本书有印装质量问题请与印刷厂质量科联系
联系电话：0512-65896959

前　言

线性代数是数学的一个分支，它的理论方法可广泛应用于自然科学、工程技术与经济管理科学的各个领域，尤其是与金融、投资、管理等学科相互结合以及在这些学科中的应用. 为了满足应用技术型人才培养目标的需要，线性代数课程已经成为应用型本科院校理工类和经管类学生必修的一门高等应用数学的基础课程. 通过本课程的学习，希望学生能够掌握线性代数的基本思想和理论方法，同时具有一定分析和解决实际问题的能力.

本书共分 5 章，包括行列式、矩阵、线性方程组、矩阵的对角化和二次型. 为了让学生能够学好线性代数这门课程，本书在编写中注重了以下方面：

(1) 注重对基本概念、基本定理和重要公式的介绍，突出线性代数的基本思想和基本方法.

(2) 内容精炼，结构完整，推理简明，通俗易懂.

(3) 例题和习题的选取做到少而精.

(4) 注重应用，为了满足经管类学生的需求，每章最后一节编写了本章内容在经济数学模型中的应用和分析，以帮助学生加深理解线性代数在实际问题中的运用，也希望能够达到理论知识与实践应用相统一的目的.

本书由于晓庆担任主编，王建军、邱翔、耿兴波参与了本教材的指导和编写. 最后由于晓庆统一定稿.

在本书的编写过程中，平安银行的王昱晟先生对本书中的经济数学模型提供了部分案例和建议. 在此致以衷心的感谢.

本书的出版得到了上海应用技术大学理学院和上海交通大学出版社的大力支持，在此表示衷心的感谢.

由于编者水平所限，书中若有不当之处，敬请广大读者批评指正，并提出宝贵意见和建议.

编　者

2020 年 3 月

目　　录

第1章 行列式

行列式是线性代数的一个最基本的内容，它实质上是由一些数值排列成的数表按一定的法则计算得到的一个数. 行列式的概念是在研究线性方程组的解的过程中产生的，它是现代数学各个分支必不可少的重要工具，在生产实际和经济管理中有着广泛的应用. 本章从行列式的概念出发，主要介绍行列式的性质和计算方法，同时介绍了一种求解线性方程组的方法——克莱姆法则.

1.1 行列式的定义与性质

1.1.1 排列与逆序

为了方便引出 n 阶行列式的定义，首先介绍有关排列与逆序等概念.

把 n 个不同的自然数按照从小到大的自然顺序进行排列，这样的排列次序称为**标准次序**.

对于 n 个不同元素的任意一种排列，当某两个元素的先后次序与标准次序不同时，就说有1个逆序. 一个排列中所有逆序的总数称为这个排列的**逆序数**. 逆序数为奇数的排列称为奇排列，逆序数为偶数的排列称为偶排列.

计算一个排列的逆序数一般有如下方法(向前取大法)：不妨设元素为1至 n 这 n 个正整数，并规定由小到大的排列次序为标准次序，如果 $p_1p_2\cdots p_n$ 为这 n 个正整数的一个排列，对于元素 $p_i(i=1, 2, \cdots, n)$，若比 p_i 大的且排在 p_i 前面的元素有 t_i 个，就说 p_i 这个元素的逆序数是 t_i. 全体元素的逆序数总和

$$t=t_1+t_2+\cdots+t_n=\sum_{i=1}^{n}t_i$$

是排列 $p_1p_2\cdots p_n$ 的逆序数.

例1.1 求排列324156的逆序数.

解 在排列324156中，3排在首位，逆序数为0；2的前面比2大的数有1个(3)，逆序数为1；4的前面比4大的数有0个，逆序数为0；1的前面比1大的数有3个(3, 2, 4)逆序数为3；5的前面比5大的数有0个，逆序数为0；6的前面比6大的数有0个，逆序数为0，所以该排列的逆序数为

$$t=0+1+0+3+0+0=4.$$

为了更好地理解行列式的概念和进一步研究行列式的性质，下面讨论对换以及它与排列奇偶性的关系.

在排列中将任意两个元素对调，其余的元素不动，这种做出新排列的方法称为**对换**. 将相邻的两个元素对换，称为相邻对换.

定理 1.1　一个排列中的任意两个元素对换，排列改变奇偶性.

证明　先证相邻对换的情况.

设排列 $a_1a_2\cdots a_l abb_1b_2\cdots b_m$，对换 a 和 b，得到排列 $a_1a_2\cdots a_l bab_1b_2\cdots b_m$. 当 $a<b$ 时，经过对换后得到的排列比原来排列的逆序数增加了 1；当 $a>b$ 时，经过对换后得到的排列比原来排列的逆序数减少了 1. 这样经过了相邻对换之后排列改变了奇偶性. 再证一般对换的情况.

设排列 $a_1a_2\cdots a_l ab_1b_2\cdots b_m bc_1c_2\cdots c_n$，将 a 做 m 次相邻对换，得到排列 $a_1a_2\cdots a_l b_1b_2\cdots b_m abc_1c_2\cdots c_n$，再将 b 做 $m+1$ 次相邻对换得到排列 $a_1a_2\cdots a_l bb_1b_2\cdots b_m ac_1c_2\cdots c_n$，这样经过了 $2m+1$ 次相邻对换，排列 $a_1a_2\cdots a_l ab_1b_2\cdots b_m bc_1c_2\cdots c_n$ 与排列 $a_1a_2\cdots a_l bb_1b_2\cdots b_m ac_1c_2\cdots c_n$ 的奇偶性相反.

推论 1.1　奇排列对换成标准排列的对换次数为奇数，偶排列对换成标准排列的对换次数为偶数.

1.1.2　二阶、三阶行列式

行列式的概念来源于线性方程组的求解问题，所以，我们通过初等代数中二元线性方程组的求解过程引出二阶、三阶行列的概念.

设含有两个未知变量 x_1，x_2 的二元线性方程组

$$\begin{cases} a_{11}x_1+a_{12}x_2=b_1, \\ a_{21}x_1+a_{22}x_2=b_2. \end{cases} \tag{1.1}$$

用消元法解方程组(1.1)：当 $a_{11}a_{22}-a_{12}a_{21}\neq 0$ 时，得其解

$$x_1=\frac{b_1a_{22}-a_{12}b_2}{a_{11}a_{22}-a_{12}a_{21}},\ x_2=\frac{a_{11}b_2-b_1a_{21}}{a_{11}a_{22}-a_{12}a_{21}}. \tag{1.2}$$

从式(1.2)中可发现其分子、分母都是四个数分两对相乘再相减而得. 其中分母 $a_{11}a_{22}-a_{12}a_{21}$ 是由方程组(1.1)的四个系数确定的，将这四个数按照它们在方程组(1.1)中的位置，排成两行两列的数表：

$$\begin{matrix} a_{11} & a_{12} \\ a_{21} & a_{22} \end{matrix}. \tag{1.3}$$

表达式 $a_{11}a_{22}-a_{12}a_{21}$ 称为式(1.3)所确定的二阶行列式，也称为线性方程组(1.1)的**系数行列式**，记作

$$D=\begin{vmatrix} a_{11} & a_{12} \\ a_{21} & a_{22} \end{vmatrix}. \tag{1.4}$$

由二阶行列式的概念,式(1.2)可以表示

$$x_1=\frac{\begin{vmatrix} b_1 & a_{12} \\ b_2 & a_{22} \end{vmatrix}}{\begin{vmatrix} a_{11} & a_{12} \\ a_{21} & a_{22} \end{vmatrix}},\quad x_2=\frac{\begin{vmatrix} a_{11} & b_1 \\ a_{21} & b_2 \end{vmatrix}}{\begin{vmatrix} a_{11} & a_{12} \\ a_{21} & a_{22} \end{vmatrix}}.$$

类似的,对于三个未知变量 x_1, x_2, x_3 的三元线性方程组

$$\begin{cases} a_{11}x_1+a_{12}x_2+a_{13}x_3=b_1, \\ a_{21}x_1+a_{22}x_2+a_{23}x_3=b_2, \\ a_{31}x_1+a_{32}x_2+a_{33}x_3=b_3. \end{cases} \tag{1.5}$$

可以将方程组的 9 个系数排成 3 行 3 列的数表:

$$\begin{matrix} a_{11} & a_{12} & a_{13} \\ a_{21} & a_{22} & a_{23}. \\ a_{31} & a_{32} & a_{33} \end{matrix} \tag{1.6}$$

记

$$\begin{vmatrix} a_{11} & a_{12} & a_{13} \\ a_{21} & a_{22} & a_{23} \\ a_{31} & a_{32} & a_{33} \end{vmatrix}=a_{11}a_{22}a_{33}+a_{21}a_{32}a_{13}+a_{31}a_{12}a_{23}-a_{13}a_{22}a_{31}-a_{23}a_{32}a_{11}-a_{33}a_{12}a_{21} \tag{1.7}$$

称式(1.7)为式(1.6)所确定的三阶行列式. 其中,数 $a_{ij}(i=1, 2, 3; j=1, 2, 3)$ 称为三阶行列式(1.6)的元素.

式(1.7)中等号右端的 6 项也可以按照对角线法则得到(称为沙路法)(见图 1.1).

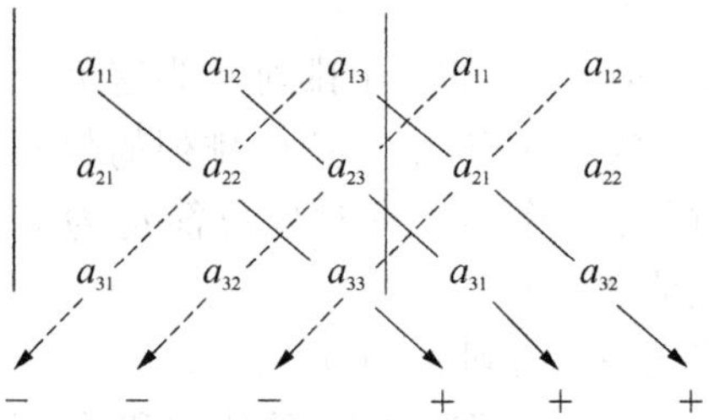

图 1.1

例 1.2　计算三阶行列式 $D=\begin{vmatrix} 3 & 0 & 1 \\ 2 & -5 & -1 \\ 4 & -3 & -1 \end{vmatrix}$.

解　按对角线法则,有

$$D=3\times(-5)\times(-1)+0\times(-1)\times4+1\times2\times(-3)-1\times(-5)\times4-0\times2\times(-1)-3\times(-1)\times(-3)=20.$$

为了给出 n 阶行列式的定义,再一次分析三阶行列式. 我们观察到三阶行列式定义(1.7)右端的代数和有以下的特征:

(1) 共有 $3!=6$ 项相加,其最后结果是一个数值.

(2) 如果不考虑每项的正负号,每项都恰好是 3 个元素的乘积: $a_{1p_1}a_{2p_2}a_{3p_3}$,每项的 3 个元素分别是取自不同行与不同列的元素. 若行标排成标准次序 123,列标为 1, 2, 3 的某个排列 $p_1p_2p_3$.

(3) 每一项的符号由列标排列 $p_1p_2p_3$ 的奇偶性决定. 我们观察到带正号的三项列标排列是 123, 231, 312;带负号的三项列标排列是 132, 213, 321. 发现带正号的三项列标排列都是偶排列,带负号的三项列标排列都是奇排列.

因此,三阶行列式也可以定义为

$$\begin{vmatrix} a_{11} & a_{12} & a_{13} \\ a_{21} & a_{22} & a_{23} \\ a_{31} & a_{32} & a_{33} \end{vmatrix}=\sum(-1)^t a_{1p_1}a_{2p_2}a_{3p_3}.$$

其中 t 为排列 $p_1p_2p_3$ 的逆序数, $\sum$ 表示对 1, 2, 3 三个数的所有排列 $p_1p_2p_3$ 取和.

1.1.3　n 阶行列式

定义 1.1　(n 阶行列式) 有 n^2 个数组成的 n 行 n 列的 n 阶行列式定义为如下 $n!$项的代数和:

$$D=\begin{vmatrix} a_{11} & a_{12} & \cdots & a_{1n} \\ a_{21} & a_{22} & \cdots & a_{2n} \\ \vdots & \vdots & & \vdots \\ a_{n1} & a_{n2} & \cdots & a_{nn} \end{vmatrix}=\sum(-1)^t a_{1p_1}a_{2p_2}\cdots a_{np_n}. \tag{1.8}$$

其中 $p_1p_2\cdots p_n$ 为正整数 1, 2, …, n 的一个排列,t 为这个排列的逆序数. $a_{1p_1}a_{2p_2}\cdots a_{np_n}$ 为位于不同行、不同列的 n 个数的乘积,由于这样排列的数共有 $n!$个,因而式(1.8)的项共有 $n!$项. n 阶行列式一般可记作 D_n,有时也可简记为 $\det(a_{ij})$. 数 a_{ij} 称为行列式 $\det(a_{ij})$ 的位于第 i 行第 j 列的元素.

特别的,当 $n=1$ 时,定义一阶行列式: $|a_{11}|=a_{11}$.

显然,从式(1.8)可以得出,n 阶行列式定义的代数和具有以上类似于 3 阶行列式的特征,即

(1) 共有 $n!$项相加,其最后结果是一个数值.

(2) 每项都恰好是 n 个元素的乘积: $a_{1p_1}a_{2p_2}\cdots a_{np_n}$,每项的 n 个元素分别是取自不同行与不同列的元素. 若行标排成标准次序 1, 2, …, n,列标为 1, 2, …, n 的某个排列 $p_1p_2\cdots p_n$.

(3) 每一项的符号由列标排列 $p_1p_2\cdots p_n$ 的奇偶性决定.

例 1.3　根据行列式的定义计算

$$D_1=\begin{vmatrix}\lambda_1 & 0 & \cdots & 0\\ 0 & \lambda_2 & \cdots & 0\\ \vdots & \vdots & & \vdots\\ 0 & 0 & \cdots & \lambda_n\end{vmatrix},\ D_2=\begin{vmatrix}0 & \cdots & 0 & \lambda_1\\ 0 & \cdots & \lambda_2 & 0\\ \vdots & & \vdots & \vdots\\ \lambda_n & \cdots & 0 & 0\end{vmatrix}.$$

解　D_1 中可能不为零的只有一项 $(-1)^t a_{11}a_{22}\cdots a_{nn}$，其中 $t=0$. 又 $a_{ii}=\lambda_i(i=1,2,\cdots,n)$，所以得 $D_1=\lambda_1\lambda_2\cdots\lambda_n$.

若记 $\lambda_i=a_{i,\,n-i+1}(i=1,2,\cdots,n)$，则由行列式定义得

$$D_2=\begin{vmatrix}0 & \cdots & 0 & \lambda_1\\ 0 & \cdots & \lambda_2 & 0\\ \vdots & & \vdots & \vdots\\ \lambda_n & \cdots & 0 & 0\end{vmatrix}=\begin{vmatrix}0 & \cdots & 0 & a_{1n}\\ 0 & \cdots & a_{2,\,n-1} & 0\\ \vdots & & \vdots & \vdots\\ a_{n1} & \cdots & 0 & 0\end{vmatrix}=(-1)^t a_{1n}a_{2,\,n-1}\cdots a_{n1}.$$

其中 t 为排列 $n(n-1)\cdots21$ 的逆序数，而且

$$t=0+1+2+\cdots+(n-1)=\frac{1}{2}n(n-1).$$

所以 $D_2=(-1)^{\frac{1}{2}n(n-1)}\lambda_1\lambda_2\cdots\lambda_n$.

形如例 1.3 中的行列式称为**对角行列式**(其中对角线上的元素为 λ_i，而其余元素都为 0)，对角线之下(上)的元素都为 0 的行列式称为上(下)三角形行列式.

例 1.4　证明上三角形行列式

$$D=\begin{vmatrix}a_{11} & a_{12} & \cdots & a_{1n}\\ 0 & a_{22} & \cdots & a_{2n}\\ \vdots & \vdots & & \vdots\\ 0 & 0 & \cdots & a_{nn}\end{vmatrix}=a_{11}a_{22}\cdots a_{nn}.$$

证明　当 $i>j$ 时，$a_{ij}=0$，故 D 中可能不为零的元素 a_{ip_i}，其下标应有 $p_i\geqslant i$，即 $p_1\geqslant 1,\ p_2\geqslant 2,\ \cdots,\ p_n\geqslant n$.

在所有排列 $p_1p_2\cdots p_n$ 中，能满足上述关系的排列只有一个标准排列 $12\cdots n$，这样 D 中可能不为 0 的项只有一项 $(-1)^t a_{11}a_{22}\cdots a_{nn}$，其逆序数为 0，所以

$$D=a_{11}a_{22}\cdots a_{nn}.$$

类似可以得到三角形行列式：

$$D=\begin{vmatrix}a_{11} & 0 & \cdots & 0\\ a_{21} & a_{22} & \cdots & 0\\ \vdots & \vdots & & \vdots\\ a_{n1} & a_{n2} & \cdots & a_{nn}\end{vmatrix}=a_{11}a_{22}\cdots a_{nn}.$$

例 1.5 利用行列式的定义证明

$$D=\begin{vmatrix} a_{11} & 0 & \cdots & 0 \\ a_{21} & a_{22} & \cdots & a_{2n} \\ \vdots & \vdots & & \vdots \\ a_{n1} & a_{n2} & \cdots & a_{nn} \end{vmatrix}=a_{11}\begin{vmatrix} a_{22} & \cdots & a_{2n} \\ \vdots & \vdots & \vdots \\ a_{n1} & a_{n2} & a_{nn} \end{vmatrix}.$$

证明 由行列式的定义，$D=\sum(-1)^t a_{1p_1}a_{2p_2}\cdots a_{np_n}$，其中 $p_1p_2\cdots p_n$ 为正整数 1，2，…，n 的一个排列，t 为这个排列的逆序数. 注意到行列式的零元素分布，除了 p_1 取 1 的项 $a_{11}a_{2p_2}\cdots a_{np_n}$，其他的项都为零，而这些剩下的项有 $(n-1)!$. 当 p_1 取定为 1 时，p_2，…，p_n 只能在 2，…，n 中取值. 又因为 $t(1, p_2, \cdots, p_n)=t(p_2, \cdots, p_n)$，所以有

$$D=\sum(-1)^t a_{11}a_{2p_2}\cdots a_{np_n}=a_{11}\sum(-1)^t a_{2p_2}\cdots a_{np_n}.$$

$$=a_{11}\begin{vmatrix} a_{22} & \cdots & a_{2n} \\ \vdots & \vdots & \vdots \\ a_{n1} & a_{n2} & a_{nn} \end{vmatrix}.$$

1.1.4 行列式的性质

记 $D=\det(a_{ij})$ 表示 n 阶行列式

$$D=\begin{vmatrix} a_{11} & a_{12} & \cdots & a_{1n} \\ a_{21} & a_{22} & \cdots & a_{2n} \\ \vdots & \vdots & & \vdots \\ a_{n1} & a_{n2} & \cdots & a_{nn} \end{vmatrix}.$$

行列式 D 的行与列互换得到的新行列式，称为行列式 D 的转置行列式，记作 D^{T}，即

$$D^{\mathrm{T}}=\begin{vmatrix} a_{11} & a_{21} & \cdots & a_{n1} \\ a_{12} & a_{22} & \cdots & a_{n2} \\ \vdots & \vdots & & \vdots \\ a_{1n} & a_{2n} & \cdots & a_{nn} \end{vmatrix}.$$

性质 1 行列式与它的转置行列式相等，即 $D=D^{\mathrm{T}}$.

证明 记 $D=\det(a_{ij})$ 的转置行列式

$$D^{\mathrm{T}}=\begin{vmatrix} b_{11} & b_{12} & \cdots & b_{1n} \\ b_{21} & b_{22} & \cdots & b_{2n} \\ \vdots & \vdots & & \vdots \\ b_{n1} & b_{n2} & \cdots & b_{nn} \end{vmatrix}.$$

即 $b_{ij}=a_{ji}(i, j=1, 2, \cdots, n)$，由行列式的定义

$$D^{\mathrm{T}}=\sum(-1)^t b_{1p_1}b_{2p_2}\cdots b_{np_n}=\sum(-1)^t a_{p_1 1}a_{p_2 2}\cdots a_{p_n n}=D.$$

性质 1 表明行列式中的行与列具有同等的地位，凡是有关行列式中行的性质对列也同样成立.

性质 2　互换行列式的任意两行(或两列)，行列式改变符号.

证明　设行列式

$$D=\begin{vmatrix} a_{11} & a_{12} & \cdots & a_{1n} \\ \vdots & \vdots & & \vdots \\ a_{i1} & a_{i2} & \cdots & a_{in} \\ \vdots & \vdots & & \vdots \\ a_{j1} & a_{j2} & \cdots & a_{jn} \\ \vdots & \vdots & & \vdots \\ a_{n1} & a_{n2} & \cdots & a_{nn} \end{vmatrix}=\sum(-1)^t a_{1p_1}\cdots a_{ip_i}\cdots a_{jp_j}\cdots a_{np_n}.$$

其中 t 是排列 $p_1\cdots p_i\cdots p_j\cdots p_n$ 的逆序数.

互换行列式 D 中第 i, j 两行，得到行列式

$$D_1=\begin{vmatrix} a_{11} & a_{12} & \cdots & a_{1n} \\ \vdots & \vdots & & \vdots \\ a_{j1} & a_{j2} & \cdots & a_{jn} \\ \vdots & \vdots & & \vdots \\ a_{i1} & a_{i2} & \cdots & a_{in} \\ \vdots & \vdots & & \vdots \\ a_{n1} & a_{n2} & \cdots & a_{nn} \end{vmatrix}=\sum(-1)^s a_{1p_1}\cdots a_{jp_j}\cdots a_{ip_i}\cdots a_{np_n}.$$

其中 s 是排列 $p_1\cdots p_j\cdots p_i\cdots p_n$ 的逆序数. 而排列 $p_1\cdots p_j\cdots p_i\cdots p_n$ 可视为由排列 $p_1\cdots p_i\cdots p_j\cdots p_n$ 中的两个元素 p_i, p_j 对换而得到的，由定理 1.1 可知它们的奇偶性相反，即 s 与 t 的奇偶性相反. 所以

$$D_1=-D.$$

以 r_i 表示行列式的第 i 行，$r_i \leftrightarrow r_j$ 表示交换行列式的第 i 行与第 j 行. 以 c_i 表示行列式的第 i 列，$c_i \leftrightarrow c_j$ 表示交换行列式的第 i 列与第 j 列.

推论 1.2　如果行列式的任意两行(或两列)元素完全相同，则此行列式的值为零.

证明　互换元素相同的两行，利用性质 2，有 $D=-D$，故 $D=0$.

如 $D=\begin{vmatrix} 3 & 0 & 1 \\ 1 & 2 & -1 \\ 1 & 2 & -1 \end{vmatrix}=-6+0+2-2-0-(-6)=0.$

性质 3　行列式的某一行(或列)中所有元素都乘以同一个数 k，等于用数 k 乘以此行列式.

kr_i 表示行列式的第 i 行所有元素乘以 k，kc_i 表示行列式的第 i 列所有元素乘以 k.

推论 1.3 若行列式的某一行(或列)的所有元素有公因子,则公因子可以提到行列式符号外面.

$r_i \div k$ 表示行列式的第 i 行提出公因子 k，$c_i \div k$ 表示行列式的第 i 列提出公因子 k.

性质 4 行列式中如果有任意两行(或两列)元素对应成比例,则此行列式的值等于零. 例如,行列式 $D=\begin{vmatrix} 1 & 2 & 4 \\ -1 & 5 & -4 \\ 1 & 8 & 4 \end{vmatrix}$,因为第一列与第三列对应元素成比例,根据性质 4,可直接得到

$$D=\begin{vmatrix} 2 & 2 & 4 \\ -1 & 5 & -4 \\ 1 & 8 & 4 \end{vmatrix}=0.$$

性质 5 若行列式的某一列(或行)的元素都是两数之和,例如第 i 列的元素都是两数之和

$$D=\begin{vmatrix} a_{11} & \cdots & a_{1i}+b_{1i} & \cdots & a_{1n} \\ a_{21} & \cdots & a_{2i}+b_{2i} & \cdots & a_{2n} \\ \vdots & & \vdots & & \vdots \\ a_{n1} & \cdots & a_{ni}+b_{ni} & \cdots & a_{nn} \end{vmatrix}.$$

则 D 等于两个行列式之和,即

$$D=\begin{vmatrix} a_{11} & \cdots & a_{1i} & \cdots & a_{1n} \\ a_{21} & \cdots & a_{2i} & \cdots & a_{2n} \\ \vdots & & \vdots & & \vdots \\ a_{n1} & \cdots & a_{ni} & \cdots & a_{nn} \end{vmatrix}+\begin{vmatrix} a_{11} & \cdots & b_{1i} & \cdots & a_{1n} \\ a_{21} & \cdots & b_{2i} & \cdots & a_{2n} \\ \vdots & & \vdots & & \vdots \\ a_{n1} & \cdots & b_{ni} & \cdots & a_{nn} \end{vmatrix}.$$

对于行的情况也可得类似结论.

性质 6 把行列式某一行(或列)的各元素乘以同一个数 k 然后加到另一行(或列)的对应元素上去,行列式的值不变.

r_j+kr_i 表示第 i 行所有元素乘以 k 加到第 j 行上去(此时行列式第 i 行不变,变化的是第 j 行).

$$D=\begin{vmatrix} a_{11} & a_{12} & \cdots & a_{1n} \\ \vdots & \vdots & & \vdots \\ a_{i1} & a_{i2} & \cdots & a_{in} \\ \vdots & \vdots & & \vdots \\ a_{j1} & a_{j2} & \cdots & a_{jn} \\ \vdots & \vdots & & \vdots \\ a_{n1} & a_{n2} & \cdots & a_{nn} \end{vmatrix} \xlongequal{r_j+kr_i} \begin{vmatrix} a_{11} & a_{12} & \cdots & a_{1n} \\ \vdots & \vdots & & \vdots \\ a_{i1} & a_{i2} & \cdots & a_{in} \\ \vdots & \vdots & & \vdots \\ a_{j1}+ka_{i1} & a_{j2}+ka_{i2} & \cdots & a_{jn}+ka_{in} \\ \vdots & \vdots & & \vdots \\ a_{n1} & a_{n2} & \cdots & a_{nn} \end{vmatrix}.$$

同样，c_j+kc_i 表示第 i 列所有元素乘以 k 加到第 j 列上去(此时行列式第 i 列不变，变化的是第 j 列).

如 $D=\begin{vmatrix}3&0&1\\1&-5&0\\1&2&-1\end{vmatrix}=22$，第二行的元素加上第三行元素的两倍(注意，第三行元素本身并不改变)，则有

$$D=\begin{vmatrix}3&0&1\\3&-1&-2\\1&2&-1\end{vmatrix}=3+0+6-(-1)-0-(-12)=22.$$

用行列式的定义来计算行列式的值是很困难的. 对于高于 3 阶行列式的计算，一般采用行列式的性质(特别是性质 6)，把行列式化成便于计算的行列式，如上(下)三角行列式，或某行(列)为零的行列式等，从而计算得到行列式的值. 下面举例说明怎样利用行列式的性质计算行列式.

例 1.6 计算行列式 $D=\begin{vmatrix}1&1&1&2\\1&1&2&1\\1&2&1&1\\2&1&1&1\end{vmatrix}$.

解 这个行列式的特点是各列的 4 个数之和都是 5. 将 2，3，4 行依次加到第 1 行，提取公因子 5，然后各行减去第 1 行，可以得到

$$D=\begin{vmatrix}5&5&5&5\\1&1&2&1\\1&2&1&1\\2&1&1&1\end{vmatrix}\xlongequal{r_1\div 5}5\begin{vmatrix}1&1&1&1\\1&1&2&1\\1&2&1&1\\2&1&1&1\end{vmatrix}\xlongequal[r_4+(-2)r_1]{\substack{r_2+(-1)r_1\\r_3+(-1)r_1}}5\begin{vmatrix}1&1&1&1\\0&0&1&0\\0&1&0&0\\0&-1&-1&-1\end{vmatrix}.$$

$$\xlongequal[r_2\leftrightarrow r_3]{r_4\div(-1)}5\begin{vmatrix}1&1&1&1\\0&1&0&0\\0&0&1&0\\0&1&1&1\end{vmatrix}\xlongequal[r_4+(-1)r_3]{r_4+(-1)r_2}5\begin{vmatrix}1&1&1&1\\0&1&0&0\\0&0&1&0\\0&0&0&1\end{vmatrix}=5.$$

例 1.7 计算行列式 $D=\begin{vmatrix}x&a&a&\cdots&a\\a&x&a&\cdots&a\\a&a&x&\cdots&a\\\vdots&\vdots&\vdots&&\vdots\\a&a&a&\cdots&x\end{vmatrix}$ 的值.

解 第一列的元素分别加上第二列、第三列、……第 n 列元素的 1 倍，再抽去第一列的公因子 $x+(n-1)a$，得到

$$D=[x+(n-1)a]\begin{vmatrix}1 & a & a & \cdots & a\\1 & x & a & \cdots & a\\1 & a & x & \cdots & a\\\vdots & \vdots & \vdots & & \vdots\\1 & a & a & \cdots & x\end{vmatrix}.$$

第二行、第三行、…、第 n 行分别加上第一行的 (-1) 倍,得到

$$D=[x+(n-1)a]\begin{vmatrix}1 & a & a & \cdots & a\\0 & x-a & 0 & \cdots & 0\\0 & 0 & x-a & \cdots & 0\\\vdots & \vdots & \vdots & & \vdots\\0 & 0 & 0 & \cdots & x-a\end{vmatrix}=[x+(n-1)a](x-a)^{n-1}.$$

例 1.6、例 1.7 的行列式有一个特征,每行的元素之和是一个常数. 通常可以考虑先把各列加到第 1 列上去,再去处理.

例 1.8 计算行列式 $D=\begin{vmatrix}1 & 2 & 3 & 4\\5 & 6 & 7 & 8\\9 & 10 & 11 & 12\\13 & 14 & 15 & 16\end{vmatrix}$ 的值.

解 利用行列式的性质,有

$$D=\begin{vmatrix}1 & 2 & 3 & 4\\5 & 6 & 7 & 8\\9 & 10 & 11 & 12\\13 & 14 & 15 & 16\end{vmatrix}\xlongequal[r_4+(-1)r_3]{r_2+(-1)r_1}\begin{vmatrix}1 & 2 & 3 & 4\\4 & 4 & 4 & 4\\9 & 10 & 11 & 12\\4 & 4 & 4 & 4\end{vmatrix}=0.$$

1.2 行列式的展开定理与克莱姆法则

显然在行列式的计算中,低阶行列式的计算要比高阶行列式的计算更简便. 那么,一个高阶行列式的计算是否可以通过用一个或若干个低阶行列式的计算来完成? 这一节介绍的行列式展开定理就是来解决这个问题. 为了搞清楚这个问题,首先给出余子式和代数余子式的概念.

定义 1.2 (余子式和代数余子式) 在 n 阶行列式中 D 中,把元素 a_{ij} 所在的第 i 行和第 j 列元素划去后,留下的 $n-1$ 阶行列式称为元素 a_{ij} 的余子式,记作 M_{ij}; 记 $A_{ij}=(-1)^{i+j}M_{ij}$, A_{ij} 称为元素 a_{ij} 的代数余子式.

当 $i+j$ 是偶数时, $A_{ij}=M_{ij}$; 当 $i+j$ 是奇数时, $A_{ij}=-M_{ij}$.

以四阶行列式为例，在 $D=\begin{vmatrix} a_{11} & a_{12} & a_{13} & a_{14} \\ a_{21} & a_{22} & a_{23} & a_{24} \\ a_{31} & a_{32} & a_{33} & a_{34} \\ a_{41} & a_{42} & a_{43} & a_{44} \end{vmatrix}$ 中，元素 a_{23} 的余子式与代数余子式分别为

$$M_{23}=\begin{vmatrix} a_{11} & a_{12} & a_{14} \\ a_{31} & a_{32} & a_{34} \\ a_{41} & a_{42} & a_{44} \end{vmatrix},\quad A_{23}=(-1)^{2+3}\begin{vmatrix} a_{11} & a_{12} & a_{14} \\ a_{31} & a_{32} & a_{34} \\ a_{41} & a_{42} & a_{44} \end{vmatrix}.$$

在给出行列式的展开定理之前，先给出一个引理.

引理　一个 n 阶行列式，如果其中第 i 行所有元素除 a_{ij} 外都为零，那么这行列式等于 a_{ij} 与它的代数余子式的乘积，即 $D=a_{ij}A_{ij}$.

证明　先证 $a_{ij}=a_{11}$ 的情形(即第 1 行除 a_{11} 外全为零)，此时

$$D=\begin{vmatrix} a_{11} & 0 & \cdots & 0 \\ a_{21} & a_{22} & \cdots & a_{2n} \\ \vdots & \vdots & & \vdots \\ a_{n1} & a_{n2} & \cdots & a_{nn} \end{vmatrix}.$$

利用例 5 的结论，即有 $D=a_{11}M_{11}$. 又 $A_{11}=(-1)^{1+1}M_{11}=M_{11}$，所以 $D=a_{11}A_{11}$.

再证一般情形，此时 $D=\begin{vmatrix} a_{11} & \cdots & a_{1j} & \cdots & a_{1n} \\ \vdots & & \vdots & & \vdots \\ 0 & \cdots & a_{ij} & \cdots & 0 \\ \vdots & & \vdots & & \vdots \\ a_{n1} & \cdots & a_{nj} & \cdots & a_{nn} \end{vmatrix}$.

将 D 的第 i 行依次与第 $i-1$ 行、第 $i-2$ 行、……第 1 行对换，共做 $i-1$ 次换行；再将 D 的第 j 列依次与前 $j-1$ 列、第 $j-2$ 列、……第 1 列对换，共做 $j-1$ 次换列，得到

$$D_1=\begin{vmatrix} a_{ij} & 0 & \cdots & 0 & 0 & \cdots & 0 \\ a_{1j} & a_{11} & \cdots & a_{1,j-1} & a_{1,j+1} & \cdots & a_{1n} \\ \vdots & \vdots & & \vdots & \vdots & & \vdots \\ a_{i-1,j} & a_{i-1,1} & \cdots & a_{i-1,j-1} & a_{i-1,j+1} & \cdots & a_{i-1,n} \\ a_{i+1,j} & a_{i+1,1} & \cdots & a_{i+1,j-1} & a_{i+1,j+1} & \cdots & a_{i+1,n} \\ \vdots & \vdots & & \vdots & \vdots & & \vdots \\ a_{nj} & a_{n1} & \cdots & a_{n,j-1} & a_{n,j+1} & \cdots & a_{nn} \end{vmatrix}.$$

由于 a_{ij} 位于 D_1 的左上角，利用前面的结果，有 $D_1=a_{ij}M_{ij}$，于是

$$D=(-1)^{i+j-2}D_1=(-1)^{i+j}a_{ij}M_{ij}=a_{ij}A_{ij}.$$

1.2.1 行列式按行(列)展开定理

定理 1.2 **(行列式的展开定理)** 行列式等于它的任一行(或列)的各元素与其对应的代数余子式乘积之和,即

$$D=a_{i1}A_{i1}+a_{i2}A_{i2}+\cdots+a_{in}A_{in}(i=1,\ 2,\ \cdots,\ n).$$

利用行列式的性质 5 与上面的引理即可证明本定理(请读者自己完成).

例 1.9 计算行列式 $D=\begin{vmatrix}1&-9&13&7\\-2&5&-1&3\\3&-1&5&-5\\2&8&-7&-10\end{vmatrix}$.

解 方法 1: 按第 1 行展开,可得

$$\begin{aligned}D&=1\times A_{11}+(-9)\times A_{12}+13\times A_{13}+7\times A_{14}\\&=1\times(-1)^{1+1}M_{11}+(-9)\times(-1)^{1+2}M_{12}+\\&\quad 13\times(-1)^{1+3}M_{13}+7\times(-1)^{1+4}M_{14}\\&=1\times\begin{vmatrix}5&-1&3\\-1&5&-5\\8&-7&-10\end{vmatrix}+9\times\begin{vmatrix}-2&-1&3\\3&5&-5\\2&-7&-10\end{vmatrix}+\\&\quad 13\times\begin{vmatrix}-2&5&3\\3&-1&-5\\2&8&-10\end{vmatrix}+(-7)\times\begin{vmatrix}-2&5&-1\\3&-1&5\\2&8&-7\end{vmatrix}=-312.\end{aligned}$$

方法 2: 保留 a_{11}, 把第 1 列其余元素变为 0,然后按第 1 列展开,可得

$$\begin{aligned}D&=\begin{vmatrix}1&-9&13&7\\-2&5&-1&3\\3&-1&5&-5\\2&8&-7&-10\end{vmatrix}\xlongequal[r_4+(-2)r_1]{\substack{r_2+2r_1\\r_3+(-3)r_1}}\begin{vmatrix}1&-9&13&7\\0&-13&25&17\\0&26&-34&-26\\0&26&-33&-24\end{vmatrix}\\&=1\times(-1)^{1+1}\begin{vmatrix}-13&25&17\\26&-34&-26\\26&-33&-24\end{vmatrix}\xlongequal[r_3+2r_1]{r_2+2r_1}\begin{vmatrix}-13&25&17\\0&16&8\\0&17&10\end{vmatrix}\\&=-13\times(-1)^{1+1}\begin{vmatrix}16&8\\17&10\end{vmatrix}=-13\times24=-312.\end{aligned}$$

可以看到,方法 1 按照第一行展开有 4 项,方法 2 将第一列变成只有 1 个非零元素然后展开只有 1 项,因此在考虑按哪一行哪一列展开时,一般应先选取零元素较多的行或列进行展开,以简便计算.

例 1.10 讨论当 k 为何值时，$D=\begin{vmatrix}1&1&0&0\\1&k&1&0\\0&0&k&2\\0&0&2&k\end{vmatrix}\neq 0$.

解 由于

$$D=\begin{vmatrix}1&1&0&0\\1&k-1&1&0\\0&0&k&2\\0&0&2&k\end{vmatrix}=1\times(-1)^{1+1}\begin{vmatrix}k-1&1&0\\0&k&2\\0&2&k\end{vmatrix}$$

$$=(k-1)(-1)^{1+1}\begin{vmatrix}k&2\\2&k\end{vmatrix}=(k-1)(k^2-4)\neq 0.$$

所以，$k\neq 1$ 且 $k\neq\pm 2$.

例 1.11 证明范德蒙(Vandermonde)行列式

$$D=V_n=\begin{vmatrix}1&1&\cdots&1\\x_1&x_2&\cdots&x_n\\x_1^2&x_2^2&\cdots&x_n^2\\\vdots&\vdots&&\vdots\\x_1^{n-1}&x_2^{n-1}&\cdots&x_n^{n-1}\end{vmatrix}=\prod_{n\geqslant i>j\geqslant 1}(x_i-x_j).$$

其中连乘积 $\prod\limits_{n\geqslant i>j\geqslant 1}(x_i-x_j)$ 是满足条件 $n\geqslant i>j\geqslant 1$ 的所有因子 (x_i-x_j) 的乘积.

证明 用数学归纳法证明. 当 $n=2$ 时，有

$$V_2=\begin{vmatrix}1&1\\x_1&x_2\end{vmatrix}=x_2-x_1=\prod_{2\geqslant i>j\geqslant 1}(x_i-x_j).$$

结论成立. 假设结论对 $n-1$ 阶范德蒙行列式成立，下面证明对 n 阶范德蒙行列式结论也成立.

在 V_n 中，从第 n 行起，依次将前一行乘 $(-x_1)$ 加到后一行，得

$$V_n=\begin{vmatrix}1&1&\cdots&1\\0&x_2-x_1&\cdots&x_n-x_1\\0&x_2(x_2-x_1)&\cdots&x_n(x_n-x_1)\\\vdots&\vdots&&\vdots\\0&x_2^{n-2}(x_2-x_1)&\cdots&x_n^{n-2}(x_n-x_1)\end{vmatrix}.$$

按第 1 列展开，并分别提取公因子，得

$$V_n=(x_2-x_1)(x_3-x_1)\cdots(x_n-x_1)\begin{vmatrix}1 & 1 & \cdots & 1\\ x_2 & x_3 & \cdots & x_n\\ x_2^2 & x_3^2 & \cdots & x_n^2\\ \vdots & \vdots & & \vdots\\ x_2^{n-2} & x_3^{n-2} & \cdots & x_n^{n-2}\end{vmatrix}.$$

上式右端的行列式是 $n-1$ 阶范德蒙行列式，根据归纳假设得

$$V_n=(x_2-x_1)(x_3-x_1)\cdots(x_n-x_1)\prod_{n\geqslant i>j\geqslant 2}(x_i-x_j).$$

故

$$V_n=\prod_{n\geqslant i>j\geqslant 1}(x_i-x_j).$$

推论 1.4　行列式的某一行(或列)的元素与另一行(或列)的对应元素的代数余子式乘积之和等于零，即

$$a_{i1}A_{j1}+a_{i2}A_{j2}+\cdots+a_{in}A_{jn}=0\quad(i\neq j),$$

或

$$a_{1i}A_{1j}+a_{2i}A_{2j}+\cdots+a_{mi}A_{nj}=0\quad(i\neq j).$$

证明　将行列式 $D=\det(a_{ij})$ 按 j 行展开，得

$$a_{j1}A_{j1}+a_{j2}A_{j2}+\cdots+a_{jn}A_{jn}=\begin{vmatrix}a_{11} & \cdots & a_{1n}\\ \vdots & & \vdots\\ a_{i1} & \cdots & a_{in}\\ \vdots & & \vdots\\ a_{j1} & \cdots & a_{jn}\\ \vdots & & \vdots\\ a_{n1} & \cdots & a_{nn}\end{vmatrix}.$$

将上式中 a_{jk} 换成 $a_{ik}(k=1,2,\cdots,n)$，得

$$a_{i1}A_{j1}+a_{i2}A_{j2}+\cdots+a_{in}A_{jn}=\begin{vmatrix}a_{11} & \cdots & a_{1n}\\ \vdots & & \vdots\\ a_{i1} & \cdots & a_{in}\\ \vdots & & \vdots\\ a_{i1} & \cdots & a_{in}\\ \vdots & & \vdots\\ a_{n1} & \cdots & a_{nn}\end{vmatrix}.$$

同理可证关于列的式子.

1.2.2 克莱姆法则

下面,将研究利用 n 阶行列式讨论含有 n 个未知量 $x_1, x_2, \cdots, x_n$ 和 n 个方程的线性方程组

$$\begin{cases} a_{11}x_1 + a_{12}x_2 + \cdots + a_{1n}x_n = b_1, \\ a_{21}x_1 + a_{22}x_2 + \cdots + a_{2n}x_n = b_2, \\ \quad\vdots \qquad\quad \vdots \qquad\qquad\quad \vdots \quad\ \vdots \\ a_{n1}x_1 + a_{n2}x_2 + \cdots + a_{nn}x_n = b_n. \end{cases} \tag{1.9}$$

其中,系数 a_{ij} 和右端项 b_i 是已知的数,x_i 是需要求解的未知量.

定理 1.3 (克莱姆法则) 如果线性方程组(1.9)的系数行列式不等于零,即

$$D = \begin{vmatrix} a_{11} & a_{12} & \cdots & a_{1n} \\ a_{21} & a_{22} & \cdots & a_{2n} \\ \vdots & \vdots & & \vdots \\ a_{n1} & a_{n2} & \cdots & a_{nn} \end{vmatrix} \neq 0.$$

那么,方程组(1.9)有唯一解

$$x_1 = \frac{D_1}{D},\ x_2 = \frac{D_2}{D},\ \cdots,\ x_n = \frac{D_n}{D}. \tag{1.10}$$

其中 $D_j (j = 1, 2, \cdots, n)$ 是把系数行列式 D 中的第 j 列的元素用方程组右端的常数项代替后所得到的 n 阶行列式,即

$$D_j = \begin{vmatrix} a_{11} & \cdots & a_{1,\,j-1} & b_1 & a_{1,\,j+1} & \cdots & a_{1n} \\ a_{21} & \cdots & a_{2,\,j-1} & b_2 & a_{2,\,j+1} & \cdots & a_{2n} \\ \vdots & & \vdots & \vdots & \vdots & & \vdots \\ a_{n1} & \cdots & a_{n,\,j-1} & b_n & a_{n,\,j+1} & \cdots & a_{nn} \end{vmatrix}.$$

证明 首先证明线性方程组(1.9)有解,并且式(1.10)表示的就是方程组(1.9)的一个解,即

$$a_{i1}\frac{D_1}{D} + a_{i2}\frac{D_2}{D} + \cdots + a_{in}\frac{D_n}{D} = b_i \quad (i = 1, 2, \cdots, n).$$

为此,在方程组(1.9)的系数行列式 D 的基础上,构造有两行相同的 $n+1$ 阶行列式

$$D^* = \begin{vmatrix} b_i & a_{i1} & a_{i2} & \cdots & a_{in} \\ b_1 & a_{11} & a_{12} & \cdots & a_{1n} \\ \vdots & \vdots & \vdots & & \vdots \\ b_i & a_{i1} & a_{i2} & \cdots & a_{in} \\ \vdots & \vdots & \vdots & & \vdots \\ b_n & a_{n1} & a_{n2} & \cdots & a_{nn} \end{vmatrix}.$$

由行列式的性质,可知 $D^*=0$.

把 D^* 按第1行展开. 由于第1行中元素 a_{ij} 的代数余子式是

$$(-1)^{1+j+1}\begin{vmatrix} b_1 & a_{11} & \cdots & a_{1,j-1} & a_{1,j+1} & \cdots & a_{1n} \\ \vdots & \vdots & & \vdots & \vdots & & \vdots \\ b_i & a_{i1} & \cdots & a_{i,j-1} & a_{i,j+1} & \cdots & a_{2n} \\ \vdots & \vdots & & \vdots & \vdots & & \vdots \\ b_n & a_{n1} & \cdots & a_{n,j-1} & a_{n,j+1} & \cdots & a_{nn} \end{vmatrix}.$$

把第1列依次与第2列、第3列、……第 j 列交换,可得元素 a_{ij} 的代数余子式为

$$(-1)^{j+2}(-1)^{j-1}D_j=-D_j \quad (j=1,\ 2,\ \cdots,\ n).$$

所以 D^* 按第一行展开可以得到

$$D^*=b_iD-a_{i1}D_1-a_{i2}D_2-\cdots-a_{in}D_n=0.$$

由于 $D\neq 0$, 即

$$a_{i1}\frac{D_1}{D}+a_{i2}\frac{D_2}{D}+\cdots+a_{in}\frac{D_n}{D}=b_i \quad (i=1,\ 2,\ \cdots,\ n).$$

上式说明线性方程组(1.9)有解,并且式(1.10)表示的就是方程组(1.9)的一个解.

其次证明方程组(1.9)的解就是式(1.10),即解是唯一的.

$$Dx_1=\begin{vmatrix} a_{11}x_1 & a_{12} & \cdots & a_{1n} \\ a_{21}x_1 & a_{22} & \cdots & a_{2n} \\ \vdots & \vdots & & \vdots \\ a_{n1}x_1 & a_{n2} & \cdots & a_{nn} \end{vmatrix} \xlongequal[j=2,\ 3,\ \cdots,\ n]{c_1+x_jc_j} \begin{vmatrix} \sum_{i=1}^{n} a_{1i}x_i & a_{12} & \cdots & a_{1n} \\ \sum_{i=1}^{n} a_{2i}x_i & a_{22} & \cdots & a_{2n} \\ \vdots & \vdots & & \vdots \\ \sum_{i=1}^{n} a_{ni}x_i & a_{n2} & \cdots & a_{nn} \end{vmatrix}$$

$$=\begin{vmatrix} b_1 & a_{12} & \cdots & a_{1n} \\ b_2 & a_{22} & \cdots & a_{2n} \\ \vdots & \vdots & & \vdots \\ b_n & a_{n2} & \cdots & a_{nn} \end{vmatrix}=D_1.$$

同理可证 $Dx_2=D_2$, $Dx_3=D_3$, $\cdots$, $Dx_n=D_n$, 又 $D\neq 0$, 所以线性方程组(1.9)有解,并且解只能是 $x_1=\frac{D_1}{D}$, $x_2=\frac{D_2}{D}$, $\cdots$, $x_n=\frac{D_n}{D}$.

克莱姆法则是线性代数中具有重大理论价值的一个法则,它给出了方程组(1.9)的解与系数、常数项之间的重要关系.

例 1.12 利用克莱姆法则求下列线性方程组的解:

$$\begin{cases} 3x_1 + x_2 - x_3 + 2x_4 = 1, \\ -5x_1 + x_2 + 3x_3 - 4x_4 = 0, \\ 2x_1 + x_3 - x_4 = 2, \\ x_1 - 5x_2 + 3x_3 - 3x_4 = 1. \end{cases}$$

解　这是一个含有 4 个未知量 4 个方程的线性方程组，它的系数行列式

$$D = \begin{vmatrix} 3 & 1 & -1 & 2 \\ -5 & 1 & 3 & -4 \\ 2 & 0 & 1 & -1 \\ 1 & -5 & 3 & -3 \end{vmatrix} = 40 \neq 0.$$

故可以使用克莱姆法则. 经计算知

$$D_1 = \begin{vmatrix} 1 & 1 & -1 & 2 \\ 0 & 1 & 3 & -4 \\ 2 & 0 & 1 & -1 \\ 1 & -5 & 3 & -3 \end{vmatrix} = 25,\ D_2 = \begin{vmatrix} 3 & 1 & -1 & 2 \\ -5 & 0 & 3 & -4 \\ 2 & 2 & 1 & -1 \\ 1 & 1 & 3 & -3 \end{vmatrix} = 15,$$

$$D_3 = \begin{vmatrix} 3 & 1 & 1 & 2 \\ -5 & 1 & 0 & -4 \\ 2 & 0 & 2 & -1 \\ 1 & -5 & 1 & -3 \end{vmatrix} = 10,\ D_4 = \begin{vmatrix} 3 & 1 & -1 & 1 \\ -5 & 1 & 3 & 0 \\ 2 & 0 & 1 & 2 \\ 1 & -5 & 3 & 1 \end{vmatrix} = -20.$$

根据克莱姆法则，可得方程组的唯一解

$$x_1 = \frac{D_1}{D} = \frac{5}{8},\ x_2 = \frac{D_2}{D} = \frac{3}{8},\ x_3 = \frac{D_3}{D} = \frac{2}{8},\ x_4 = \frac{D_4}{D} = -\frac{4}{8}.$$

齐次线性方程组在方程组(1.9)中，若右端项都为零，即

$$\begin{cases} a_{11}x_1 + a_{12}x_2 + \cdots + a_{1n}x_n = 0, \\ a_{21}x_1 + a_{22}x_2 + \cdots + a_{2n}x_n = 0, \\ \vdots \qquad \vdots \qquad\qquad \vdots \qquad \vdots \\ a_{n1}x_1 + a_{n2}x_2 + \cdots + a_{nn}x_n = 0. \end{cases} \tag{1.11}$$

称方程组(1.11)为 n 元齐次线性方程组.

如果线性方程组(1.9)右端常数项 $b_1, b_2, \cdots, b_n$ 不全为零，方程组(1.9)称为**非齐次线性方程组**.

对于齐次线性方程组(1.11)，若系数行列式 $D \neq 0$，则使用克莱姆法则，可知齐次线性方程组只有零解.

定理 1.4　如果齐次线性方程组(1.11)的系数行列式不等于零，则齐次线性方程组(1.11)只有零解.

定理 1.5　如果齐次线性方程组(1.11)有非零解，则它的系数行列式必等于零.

注意到上面两个定理实际上互为逆否命题.

对于线性方程组的系数行列式等于零时解的情况,将在后面的章节中加以讨论.

例 1.13 问 λ 取何值时,齐次线性方程组 $\begin{cases}\lambda x_1+3x_2+x_3=0\\3x_1+x_2+2x_3=0\\3x_1+2x_2+x_3=0\end{cases}$ 有非零解.

解 由定理 1.5,若齐次线性方程组有非零解,则其系数行列式 $D=0$,即

$$D=\begin{vmatrix}\lambda & 3 & 1\\3 & 1 & 2\\3 & 2 & 1\end{vmatrix}=0.$$

可解得 $\lambda=4$. 所以,当 $\lambda=4$ 时,齐次线性方程组有非零解.

1.3 经济数学模型分析

1.3.1 一种商品的市场均衡模型

若考虑一个仅有一种商品的市场模型,它包括 3 个变量:商品的需求量(Q_d)、商品的供给量(Q_s)和商品的价格(P). 一般地,当商品价格 P 上涨时,需求量 Q_d 会随之减少,而供给量 Q_s 却随之增加. 于是,我们假设 Q_d 是 P 的单调递减连续函数,Q_s 是 P 的单调递增连续函数(见图 1.2).

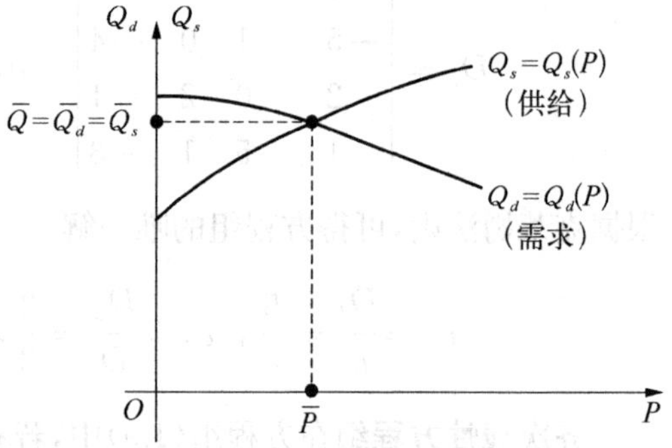

图 1.2

由图 1.2 可见,当 $P=\bar{P}$ 时,函数曲线 $Q_d=Q_d(P)$ 和 $Q_s=Q_s(P)$ 相交,也就是说,需求量等于供给量,此时市场上既没有剩余的商品,也没有短缺的商品,从而实现市场均衡. 因此,我们假设市场均衡条件是需求量 Q_d 等于供给量 Q_s(即超额需求 Q_d-Q_s 为零).

用数学语言表述,模型可以写成:

$$\begin{cases}Q_d=Q_s,\\Q_d=Q_d(P),\\Q_s=Q_s(P).\end{cases}\tag{1.12}$$

同时满足上述方程的 3 个变量 Q_d、Q_s 和 P 的解值我们可以记为 $\bar{Q}_d$、$\bar{Q}_s$、$\bar{P}$. 我们把市场达到均衡时的价格 $\bar{P}$ 称为**均衡价格**,把价格为均衡价格 $\bar{P}$ 时的供求数量称为**均衡数量**. 由于 $\bar{Q}_d(=Q_d(\bar{P}))=\bar{Q}_s(\bar{P})(=Q_s(\bar{P}))$,我们也可将它记为 $\bar{Q}$. 当商品供不应求时,价格就将上涨;当供过于求时,价格就将下降. 当需求量和供给量都为均衡数量 $\bar{Q}$ 时,价

格处于均衡状态，市场达到均衡. 在市场均衡模型式(1.12)中，只要给定需求函数 $Q_d(P)$ 和供给函数 $Q_s(P)$ 就可以求均衡价格 $\bar{P}$ 和均衡数量 $\bar{Q}$.

下面假设 Q_d 是 P 的线性递减函数(当 P 增加时，Q_d 减少)，Q_s 是 P 的线性递增函数(当 P 增加时，Q_s 随之增加)，模型可以写成：

$$\begin{cases} Q_d = Q_s, \\ Q_d = a - bp \quad (a,\ b > 0), \\ Q_s = -c + dp \quad (c,\ d > 0). \end{cases} \tag{1.13}$$

其中 4 个参数 a、b、c 和 d 均设为正数，使得需求函数曲线 Q_d 的斜率为负(即 $-b$)且它与纵轴相交于 $a(>0)$，符合它是递减函数的要求，同时供给函数曲线也具有符合要求的斜率(d 值为正)，但它与纵轴交于 $-c$. 为什么要设定这样一个负的截距呢？因为供给函数还需满足附加条件：除非价格超过某一特定的正的价格水平，否则不会有商品供给. 然而只有这样取负截距，才能使供给函数曲线与横轴相交于正值 P_1，从而满足上述附加条件(见图 1.3).

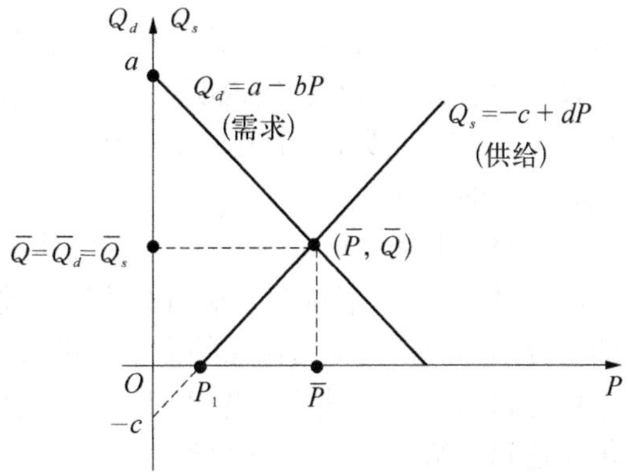

图 1.3

将线性方程组(1.13)的第 2、3 个方程代入第 1 个方程，得 $a - bP = -c + dP$，即

$$(b+d)P = a + c. \tag{1.14}$$

因 $b + d \neq 0$，由式(1.14)可解得均衡价格

$$\bar{P} = \frac{a+c}{b+d}. \tag{1.15}$$

注意，$\bar{P}$ 是完全以参数表示的，参数代表模型的给定值，所以 $\bar{P}$ 是一个确定的值. 此外，$\bar{P}$ 是一个正值(因为模型设定 4 个参数均为正值).

要求对应于 $\bar{P}$ 的均衡数量 $\bar{Q}(=\bar{Q}_d=\bar{Q}_s)$，只要将式(1.15)代入式(1.13)中的需求函数，得

$$\bar{Q} = a - \frac{b(a+c)}{b+d} = \frac{a(b+d) - b(a+c)}{b+d} = \frac{ad - bc}{b+d}. \tag{1.16}$$

此式也是一个参数表达式. 因为分母 $b+d$ 为正，要使 $\bar{Q}$ 为正，则分子 $ad-bc$ 也必须为正. 因此，要使此模型具有经济意义，还需包含额外的约束条件 $ad > bc$.

1.3.2 两种商品的市场均衡模型

下面讨论含有两种相互关联的商品的市场均衡模型.

这里我们将第 i 种商品的需求量、供给量和价格分别用 Q_{di}、Q_{si} 和 P_i $(i=1, 2)$ 表示. 假设两种商品关于价格变量 P_1、P_2 的需求函数和供给函数均为线性的,即

$$Q_{d1}=a_0+a_1P_1+a_2P_2, \tag{1.17}$$

$$Q_{s1}=b_0+b_1P_1+b_2P_2, \tag{1.18}$$

$$Q_{d2}=\alpha_0+\alpha_1P_1+\alpha_2P_2, \tag{1.19}$$

$$Q_{s2}=\beta_0+\beta_1P_1+\beta_2P_2. \tag{1.20}$$

其中系数 a_i 和b_i,以及系数 α_i 和β_i $(i=0, 1, 2)$ 分别属于第 1 种商品和第 2 种商品的需求函数和供给函数. 这些系数具有一定的经济意义,当这两种商品互为替代品时,在 Q_{d1} 中,P_1 的系数 a_1 为负,这说明第 1 种商品的价格上升,将使其需求量 Q_{d1} 减少,而 P_2 的系数 a_2 为正,说明 P_2 上升使 Q_{d1} 增加;在 Q_{d2} 中,P_1 的系数 α_1 为正,P_2 的系数 α_2 为负也有类似的解释.

按照一般经济均衡理论,一个经济体由许多经济活动者组成,其中一部分是消费者,一部分是生产者. 消费者追求消费的最大效用,生产者追求生产的最大利润,他们的经济活动分别形成市场上对商品的需求和供给. 市场的价格会对需求和供给进行调节,最终使市场达到均衡,也就是说,当 P_1 和 P_2 分别达到某特定价格(称为均衡价格)$\bar{P}_1$ 和 $\bar{P}_2$ 时,供需达到平衡,即需求等于供给:

$$Q_{d1}=Q_{s1}, \tag{1.21}$$

$$Q_{d2}=Q_{s2}. \tag{1.22}$$

现在的问题是,求使均衡条件式(1.21)和式(1.22)成立的均衡价格 $\bar{P}_1$ 和 $\bar{P}_2$.

作为求解此模型的第 1 步,我们将式(1.17)～式(1.20)分别代入式(1.21)和式(1.22)中,模型简化为含有未知量 P_1 和 P_2 的二元线性方程组

$$\begin{cases}(a_1-b_1)P_1+(a_2-b_2)P_2=-(a_0-b_0),\\(\alpha_1-\beta_1)P_1+(\alpha_2-\beta_2)P_2=-(\alpha_0-\beta_0).\end{cases} \tag{1.23}$$

据克莱姆法则,方程组(1.23)当系数行列式 $D=\begin{vmatrix}a_1-b_1 & a_2-b_2\\ \alpha_1-\beta_1 & \alpha_2-\beta_2\end{vmatrix}\neq 0$ 时,有唯一解:

$$\bar{P}_1=\frac{\begin{vmatrix}-(a_0-b_0) & a_2-b_2\\ -(\alpha_0-\beta_0) & \alpha_2-\beta_2\end{vmatrix}}{D}, \tag{1.24}$$

$$\bar{P}_2=\frac{\begin{vmatrix}a_1-b_1 & -(a_0-b_0)\\ \alpha_1-\beta_1 & -(\alpha_0-\beta_0)\end{vmatrix}}{D}. \tag{1.25}$$

求出上述两种商品的均衡价格 $\bar{P}_1$ 和 $\bar{P}_2$ 后,还可以代入线性方程中求出两种商品对应的

均衡数量 $\bar{Q}_1 = Q_{d1}(\bar{P}_1, \bar{P}_2) = Q_{s1}(\bar{P}_1, \bar{P}_2)$ 以及 $\bar{Q}_2 = Q_{d2}(\bar{P}_1, \bar{P}_2) = Q_{s2}(\bar{P}_1, \bar{P}_2)$.

例 1.14　两商品市场模型的需求函数和供给函数如下：

$$Q_{d1} = 18 - 3P_1 + P_2,\qquad Q_{s1} = -2 + 4P_1,$$
$$Q_{d2} = 12 + P_1 - 2P_2,\qquad Q_{s2} = -2 + 3P_2.$$

求均衡价格 $\bar{P}_i$ 和均衡数量 $\bar{Q}_i (i = 1, 2)$.

解　将需求函数和供给函数中各系数直接代入式(1.24)和式(1.25)，得

$$\bar{P}_1 = \frac{\begin{vmatrix} -[18-(2)] & 1 \\ -[18-(2)] & -2-3 \end{vmatrix}}{\begin{vmatrix} -3 & -4 & 1 \\ 1 & -2 & -3 \end{vmatrix}} = \frac{114}{34} = \frac{57}{17},$$

$$\bar{P}_2 = \frac{\begin{vmatrix} -3-4 & -[18-(2)] \\ 1 & -[18-(2)] \end{vmatrix}}{34} = \frac{118}{34} = \frac{59}{17}.$$

将 $\bar{P}_1$ 和 $\bar{P}_2$ 代入式(1.19)和式(1.21)，得 $\bar{Q}_1 = \dfrac{194}{17}$, $Q_s = \dfrac{143}{17}$.

习　题　1

1. 计算以下排列的逆序数，判断其奇偶性.

(1) 634251.

(2) 5173246.

(3) $n(n-1)\cdots 21$.

(4) $(n+1)(n+2)\cdots(2n)n(n-1)\cdots 21$.

2. 确定四阶行列式中两项 $a_{11}a_{32}a_{23}a_{44}$, $a_{14}a_{43}a_{21}a_{32}$ 的符号.

3. 利用对角线法则计算下列行列式：

(1) $\begin{vmatrix} 1 & 2 \\ 6 & -3 \end{vmatrix}$.　　(2) $\begin{vmatrix} \log_b a & 1 \\ 1 & \log_a b \end{vmatrix}$.

(3) $\begin{vmatrix} 3 & 0 & 1 \\ 1 & -5 & 0 \\ 1 & 0 & -1 \end{vmatrix}$.　　(4) $\begin{vmatrix} a & b & a+b \\ b & a+b & a \\ a+b & a & b \end{vmatrix}$.

4. 根据行列式的定义计算行列式 $\begin{vmatrix} 2x & x & 1 & 2 \\ 1 & x & 1 & -1 \\ 3 & 2 & x & 1 \\ 1 & 1 & 1 & x \end{vmatrix}$ 展开式中 x^3 与 x^4 的系数.

5. 计算行列式：

(1) $\begin{vmatrix} 1 & 2 & 3 & 4 \\ 2 & 3 & 4 & 1 \\ 3 & 4 & 1 & 2 \\ 4 & 1 & 2 & 3 \end{vmatrix}$.　　(2) $\begin{vmatrix} x+1 & 1 & 1 & 1 \\ 1 & x+1 & 1 & 1 \\ 1 & 1 & x+1 & 1 \\ 1 & 1 & 1 & x+1 \end{vmatrix}$.

(3) $\begin{vmatrix} 1 & 2 & 3 & 4 & 5 \\ 6 & 7 & 8 & 9 & 10 \\ 0 & 0 & 0 & 1 & 3 \\ 0 & 0 & 0 & 2 & 4 \\ 0 & 1 & 0 & 1 & 1 \end{vmatrix}$.　　(4) $D_n = \begin{vmatrix} 0 & 1 & 0 & \cdots & 0 \\ 0 & 0 & 2 & \cdots & 0 \\ \vdots & \vdots & \vdots & & \vdots \\ 0 & 0 & 0 & \cdots & n-1 \\ n & 0 & 0 & \cdots & 0 \end{vmatrix}$.

(5) $D_n = \begin{vmatrix} a & b & \cdots & b & b \\ b & a & \cdots & b & b \\ \vdots & \vdots & & \vdots & \vdots \\ b & b & \cdots & a & b \\ b & b & \cdots & b & a \end{vmatrix}$.

(6) $D_{n+1} = \begin{vmatrix} 1 & 1 & 1 & \cdots & 1 \\ 1 & 2-x & 1 & \cdots & 1 \\ 1 & 1 & 3-x & \cdots & 1 \\ \vdots & \vdots & \vdots & & \vdots \\ 1 & 1 & 1 & \cdots & n+1-x \end{vmatrix}$.

6. 设 4 阶行列式 $\begin{vmatrix} a & b & c & d \\ c & b & d & a \\ d & b & c & a \\ a & b & d & c \end{vmatrix}$，求 $A_{14}+A_{24}+A_{34}+A_{44}$ 的值.

7. 用克莱姆法则解线性方程组：

(1) $\begin{cases} x_1+2x_2+3x_3+4x_4=-1 \\ x_1+x_2+2x_3+3x_4=-1 \\ x_1+5x_2+x_3+2x_4=4 \\ x_1+5x_2+5x_3+2x_4=4 \end{cases}$.　　(2) $\begin{cases} 2x_1+3x_2+11x_3+5x_4=2 \\ x_1+x_2+5x_3+2x_4=1 \\ 2x_1+x_2+3x_3+2x_4=-3 \\ x_1+x_2+3x_3+4x_4=-3 \end{cases}$.

(3) $\begin{cases} 2x_1+3x_2+x_3-x_4=2 \\ x_1+2x_2+5x_3+3x_4=5 \\ -x_1+3x_3+x_4=1 \\ x_1-x_2+x_3=-1 \end{cases}$.

8. 当 λ 为何值时，齐次线性方程组 $\begin{cases} \lambda x_1+x_2+x_3=0 \\ x_1+\lambda x_2+x_3=0 \\ \lambda^2 x_1+2x_2+\lambda x_3=0 \end{cases}$ 有非零解？

9. 当 μ 为何值时,非齐次线性方程组 $\begin{cases}\mu x_1+x_2+x_3=2\\ x_1+\mu x_2+x_3=3\\ x_1+2\mu x_2+x_3=2\end{cases}$ 有唯一解?

10. 证明 $D=\begin{vmatrix}1&1&1\\ x_1&x_2&x_3\\ x_1^3&x_2^3&x_3^3\end{vmatrix}=(x_1+x_2+x_3)\prod\limits_{1\leqslant j<i\leqslant 3}(x_i-x_j)$.

11. 证明:齐次线性方程组 $\begin{cases}-x_1+ax_2+bx_3+cx_4=0,\\ ax_1+x_2=0,\\ bx_1+x_3=0,\\ cx_1+x_4=0\end{cases}$ 只有零解.

12. 设 $f(x)=c_0+c_1x+c_2x^2+\cdots+c_nx^n$,用克莱姆法则证明:如果 $f(x)$ 有 $n+1$ 个互不相同的根,则 $f(x)$ 是零多项式.

第 2 章　矩　　阵

矩阵是线性代数的研究对象和重要工具. 实际上,矩阵就是一张长方形的数表. 它不仅在数学的很多分支学科有着广泛的应用,而且生活中的很多实际问题都可以用矩阵表示和通过对它的研究来解决. 例如：学校里的课表、成绩统计表、工厂里的生产进度表、火车站里的时刻表、科研领域的数据分析表,等等. 本章主要介绍矩阵的概念、矩阵的基本运算、可逆矩阵、矩阵的初等变换以及利用初等变换求矩阵的逆矩阵.

2.1　矩阵的概念及其运算

2.1.1　矩阵的概念

定义 2.1　(矩阵) 由 $m\times n$ 个数 $a_{ij}(i=1, 2, \cdots, m; j=1, 2, \cdots, n)$ 排成的 m 行 n 列的矩阵数表,

$$\begin{pmatrix} a_{11} & a_{12} & \cdots & a_{1n} \\ a_{21} & a_{22} & \cdots & a_{2n} \\ \vdots & \vdots & & \vdots \\ a_{m1} & a_{m2} & \cdots & a_{mn} \end{pmatrix} \tag{2.1}$$

称为一个 $m\times n$ 的矩阵,其中 a_{ij} 称为式(2.1)的第 i 行第 j 列的元素.

一般情况下,用大写黑斜体字母 $\boldsymbol{A}$, $\boldsymbol{B}$, $\boldsymbol{C}\cdots$ 表示矩阵,有时为了标明矩阵的行数 m 和列数 n,也常用 $\boldsymbol{A}_{m\times n}$ 表示,或写作 $\boldsymbol{A}=(a_{ij})_{m\times n}$.

同型矩阵：两个矩阵的行数相等、列数也相等时,就称它们是同型矩阵.

定义 2.2　(矩阵相等) 如果两个矩阵 $\boldsymbol{A}$ 与 $\boldsymbol{B}$ 是同型矩阵,并且对应位置上的元素均相等,则称矩阵 $\boldsymbol{A}$ 与矩阵 $\boldsymbol{B}$ 相等,记作 $\boldsymbol{A}=\boldsymbol{B}$.

这就是说如果 $\boldsymbol{A}=(a_{ij})_{m\times n}$, $\boldsymbol{B}=(b_{ij})_{m\times n}$, 且 $a_{ij}=b_{ij}(i=1, 2, \cdots, m; j=1, 2, \cdots, n)$, 则 $\boldsymbol{A}=\boldsymbol{B}$. 即矩阵相等有两个要素：① 同型矩阵;② 对应元素相等.

下面介绍几个常见的特殊矩阵：设 $\boldsymbol{A}=(a_{ij})_{m\times n}$.

(1) **零矩阵**：矩阵 $\boldsymbol{A}=(a_{ij})_{m\times n}$ 所有元素全为 0 的矩阵,称为零矩阵. $m\times n$ 零矩阵记为 $\boldsymbol{O}=(0)_{m\times n}$. 这里要特别注意的是零矩阵与数 0 的区别(它是一个 m 行 n 列的所有元素为 0 的数表). 另外,任意两个零矩阵不一定相等.

(2) **$\boldsymbol{n}$ 阶方阵**：若 $m=n$, 称这样的矩阵 $\boldsymbol{A}$ 为 n 阶方矩阵,简称 n 阶方阵,记为 $\boldsymbol{A}_n$,

这是最有用的矩阵之一. 注意：方阵与行列式是两个不同的概念，不要相互混淆.

(3) **单位矩阵**：如果矩阵 $\boldsymbol{A}=(a_{ij})_{m\times n}$ 满足主对角线上的元素全为 1，而其余元素全为 0，则称 $\boldsymbol{A}$ 为单位矩阵，记作 $\boldsymbol{E}_n$ 或简记为 $\boldsymbol{E}$.

(4) **行矩阵**：若 $m=1$，称 $\boldsymbol{A}=(a_1\quad a_2\quad\cdots\quad a_n)$ 为行矩阵，又称为行向量. 为避免元素间的混淆，行矩阵也记作 $\boldsymbol{A}=(a_1,\ a_2,\ \cdots,\ a_n)$.

(5) **列矩阵**：若 $n=1$，称 $\boldsymbol{B}=\begin{pmatrix} b_1\\ b_2\\ \vdots\\ b_m\end{pmatrix}$ 为列矩阵，又称为列向量.

(6) **非负矩阵**：若 $a_{ij}\geqslant 0\ (i=1,\ 2,\ \cdots,\ m;\ j=1,\ 2,\ \cdots,\ n)$，这样的矩阵称为非负(矩)阵.

2.1.2　矩阵的基本运算

矩阵的用途广泛不是仅仅在于把一些数排成矩阵的形式，而是在于我们可以对它进行一些有实际意义的运算，从而使它成为进行理论研究和解决实际问题的有力工具.

定义 2.3　(矩阵的加法) 设有两个矩阵 $\boldsymbol{A}=(a_{ij})_{m\times n}$，$\boldsymbol{B}=(b_{ij})_{m\times n}$，规定

$$\boldsymbol{A}+\boldsymbol{B}=(a_{ij}+b_{ij})=\begin{pmatrix} a_{11}+b_{11} & a_{12}+b_{12} & \cdots & a_{1n}+b_{1n}\\ a_{21}+b_{21} & a_{22}+b_{22} & \cdots & a_{2n}+b_{2n}\\ \vdots & \vdots & & \vdots\\ a_{m1}+b_{m1} & a_{m2}+b_{m2} & \cdots & a_{mn}+b_{mn}\end{pmatrix}.$$

并称 $\boldsymbol{A}+\boldsymbol{B}$ 为矩阵 $\boldsymbol{A}$ 与 $\boldsymbol{B}$ 的和.

应当注意：两个矩阵必须是同型矩阵方可相加；而且相加后得到的新矩阵与原矩阵同型，其元素是原来两矩阵对应元素之和.

定义 2.4　(负矩阵) 矩阵 $\boldsymbol{A}=(a_{ij})_{m\times n}$ 的各元素都变号后得到的矩阵，称为矩阵 $\boldsymbol{A}$ 的负矩阵，记做 $-\boldsymbol{A}$. 由此可以定义两个同型矩阵的减法：$\boldsymbol{A}-\boldsymbol{B}=\boldsymbol{A}+(-1)\boldsymbol{B}$.

例 2.1　设 $\boldsymbol{A}=\begin{pmatrix} 2 & 1 & 0\\ 1 & 1 & 2\\ -1 & 2 & 1\end{pmatrix}$，$\boldsymbol{B}=\begin{pmatrix} 3 & 1 & -2\\ 3 & -2 & 1\\ -3 & 1 & -1\end{pmatrix}$，求 $\boldsymbol{A}+\boldsymbol{B}$，$\boldsymbol{A}-\boldsymbol{B}$.

解　$$\boldsymbol{A}+\boldsymbol{B}=\begin{pmatrix} 2 & 1 & 0\\ 1 & 1 & 2\\ -1 & 2 & 1\end{pmatrix}+\begin{pmatrix} 3 & 1 & -2\\ 3 & -2 & 1\\ -3 & 1 & -1\end{pmatrix}$$

$$=\begin{pmatrix} 2+3 & 1+1 & 0-2\\ 1+3 & 1-2 & 2+1\\ -1-3 & 2+1 & 1-1\end{pmatrix}=\begin{pmatrix} 5 & 2 & -2\\ 4 & -1 & 3\\ -4 & 3 & 0\end{pmatrix}.$$

$$A-B=\begin{pmatrix}2&1&0\\1&1&2\\-1&2&1\end{pmatrix}+\begin{pmatrix}-3&-1&2\\-3&2&-1\\3&-1&1\end{pmatrix}$$

$$=\begin{pmatrix}2-3&1-1&0+2\\1-3&1+2&2-1\\-1+3&2-1&1+1\end{pmatrix}=\begin{pmatrix}-1&0&2\\-2&3&1\\2&1&2\end{pmatrix}.$$

定义 2.5 **(矩阵的数乘)** 设 $A=(a_{ij})_{m\times n}$, k 是一个数,规定

$$kA=(ka_{ij})_{m\times n}=\begin{pmatrix}ka_{11}&ka_{12}&\cdots&ka_{1n}\\ka_{21}&ka_{22}&\cdots&ka_{2n}\\\vdots&\vdots&&\vdots\\ka_{m1}&ka_{m2}&\cdots&ka_{mn}\end{pmatrix}.$$

并称这个矩阵为数 k 与矩阵 A 的数量乘积(简称数乘).

应当注意:数 k 乘一个矩阵 A,需要把数 k 乘矩阵 A 的每一个元素,这与行列式的性质是不同的.数乘得到的矩阵与原矩阵同型.

例 2.2 设 $A=\begin{pmatrix}1&4&1\\2&3&0\end{pmatrix}$, $B=\begin{pmatrix}3&0&2\\1&1&4\end{pmatrix}$,求 $3A-2B$.

解 $3A-2B=3\begin{pmatrix}1&4&1\\2&3&0\end{pmatrix}-2\begin{pmatrix}3&0&2\\1&1&4\end{pmatrix}=\begin{pmatrix}3&12&3\\6&9&0\end{pmatrix}+\begin{pmatrix}-6&0&-4\\-2&-2&-8\end{pmatrix}$

$$=\begin{pmatrix}-3&12&-1\\4&7&-8\end{pmatrix}.$$

矩阵的加法和数乘统称为矩阵的线性运算.矩阵的线性运算满足下面的运算规律:

(1) $A+B=B+A$.

(2) $(A+B)+C=A+(B+C)$.

(3) $A+0=A$.

(4) $A+(-A)=0$.

(5) $k(A+B)=kA+kB$.

(6) $(k+l)A=kA+lA$.

(7) $(kl)A=k(lA)$.

(8) $1A=A$.

其中,A, B, C 均为同型矩阵,k, l 为常数.

定义 2.6 **(矩阵的乘法)** 设 A 是一个 $m\times l$ 矩阵,B 是一个 $l\times n$ 矩阵,即

$$A=\begin{pmatrix}a_{11}&a_{12}&\cdots&a_{1l}\\a_{21}&a_{22}&\cdots&a_{2l}\\\vdots&\vdots&&\vdots\\a_{m1}&a_{m2}&\cdots&a_{ml}\end{pmatrix},\ B=\begin{pmatrix}b_{11}&b_{12}&\cdots&b_{1n}\\b_{21}&b_{22}&\cdots&b_{2n}\\\vdots&\vdots&&\vdots\\b_{l1}&b_{l2}&\cdots&b_{ln}\end{pmatrix}.$$

规定矩阵 $\boldsymbol{A}$ 与 $\boldsymbol{B}$ 的乘积 $\boldsymbol{AB}$(记作 $\boldsymbol{C}=(c_{ij})_{m\times n}$)为一个 $m\times n$ 矩阵,且

$$c_{ij}=a_{i1}b_{1j}+a_{i2}b_{2j}+\cdots+a_{il}b_{lj}=\sum_{k=1}^{l}a_{ik}b_{kj}\quad(i=1,\ 2,\ \cdots,\ m;\ j=1,\ 2,\ \cdots,\ n).$$

即矩阵 $\boldsymbol{C}=\boldsymbol{AB}$ 的第 i 行第 j 列元素 C_{ij},是矩阵 $\boldsymbol{A}$ 的第 i 行 l 个元素与矩阵 $\boldsymbol{B}$ 的第 j 列相应的 l 个元素分别相乘的乘积之和.

必须注意:写出 $\boldsymbol{AB}$ 首先有一个前提,即 $\boldsymbol{A}$ 的列数必须等于 $\boldsymbol{B}$ 的行数,且 $\boldsymbol{AB}$ 的行数与 $\boldsymbol{A}$ 行数相同而列数与 $\boldsymbol{B}$ 列数相同.

例 2.3 设 $\boldsymbol{A}=\begin{pmatrix}1&2\\3&1\\2&3\end{pmatrix}$, $\boldsymbol{B}=\begin{pmatrix}3&2&0\\1&2&1\end{pmatrix}$,求 $\boldsymbol{AB}$ 及 $\boldsymbol{BA}$.

解 $$\boldsymbol{AB}=\begin{pmatrix}1&2\\3&1\\2&3\end{pmatrix}_{3\times2}\begin{pmatrix}3&2&0\\1&2&1\end{pmatrix}_{2\times3}$$

$$=\begin{pmatrix}1\times3+2\times1&1\times2+2\times2&1\times0+2\times1\\3\times3+1\times1&3\times2+1\times2&3\times0+1\times1\\2\times3+3\times1&2\times2+3\times2&2\times0+3\times1\end{pmatrix}$$

$$=\begin{pmatrix}5&6&2\\10&8&1\\9&10&3\end{pmatrix}_{3\times3},$$

$$\boldsymbol{BA}=\begin{pmatrix}3&2&0\\1&2&1\end{pmatrix}_{2\times3}\begin{pmatrix}1&2\\3&1\\2&3\end{pmatrix}_{3\times2}$$

$$=\begin{pmatrix}3\times1+2\times3+0\times2&3\times2+2\times1+0\times3\\1\times1+2\times3+1\times2&1\times2+2\times1+1\times3\end{pmatrix}$$

$$=\begin{pmatrix}9&8\\9&7\end{pmatrix}.$$

由例 3 的结果可知, $\boldsymbol{AB}\neq\boldsymbol{BA}$, 即矩阵的乘法不满足交换律. 而且一般的情况下 $\boldsymbol{AB}$ 有意义甚至不能保证 $\boldsymbol{BA}$ 有意义! 即使 $\boldsymbol{AB}$ 与 $\boldsymbol{BA}$ 为同型矩阵,$\boldsymbol{AB}$ 与 $\boldsymbol{BA}$ 也不一定相等.

例 2.4 设 $\boldsymbol{A}=\begin{pmatrix}2&-4\\-1&2\end{pmatrix}$, $\boldsymbol{B}=\begin{pmatrix}2&4\\3&6\end{pmatrix}$,求 $\boldsymbol{AB}$ 与 $\boldsymbol{BA}$.

解 $$\boldsymbol{AB}=\begin{pmatrix}2&-4\\-1&2\end{pmatrix}\begin{pmatrix}2&4\\3&6\end{pmatrix}$$

$$=\begin{pmatrix}2\times2+(-4)\times3&2\times4+(-4)\times6\\-1\times2+2\times3&-1\times4+2\times6\end{pmatrix}=\begin{pmatrix}-4&-8\\2&4\end{pmatrix}.$$

$$\boldsymbol{BA}=\begin{pmatrix}2&4\\3&6\end{pmatrix}\begin{pmatrix}2&-4\\-1&2\end{pmatrix}$$

$$=\begin{pmatrix}2\times2+4\times(-1)&2\times(-4)+4\times2\\3\times2+6\times(-1)&3\times(-4)+6\times2\end{pmatrix}=\begin{pmatrix}0&0\\0&0\end{pmatrix}.$$

这里尽管 $\boldsymbol{AB}$ 与 $\boldsymbol{BA}$ 均为 2×2 的矩阵,但 $\boldsymbol{AB}$ 与 $\boldsymbol{BA}$ 不相等. 因此,矩阵的乘法不满足交换律. 而且还可以发现 $\boldsymbol{A}$, $\boldsymbol{B}$ 均为非零矩阵,但它们的乘积 $\boldsymbol{AB}$ 可以为零矩阵. 因此,当已知 $\boldsymbol{AB}=\boldsymbol{O}$ 时,一般不能推出 $\boldsymbol{A}=\boldsymbol{O}$ 或 $\boldsymbol{B}=\boldsymbol{O}$ 的结论,即矩阵的乘法不满足零因子律.

关于矩阵的乘法常有下述的性质(假定矩阵都可进行相关运算):

(1) $(\boldsymbol{AB})\boldsymbol{C}=\boldsymbol{A}(\boldsymbol{BC})$.

(2) $(\boldsymbol{A}+\boldsymbol{B})\boldsymbol{C}=\boldsymbol{AC}+\boldsymbol{BC}$.

(3) $\boldsymbol{C}(\boldsymbol{A}+\boldsymbol{B})=\boldsymbol{CA}+\boldsymbol{CB}$.

(4) $k(\boldsymbol{AB})=(k\boldsymbol{A})\boldsymbol{B}=\boldsymbol{A}(k\boldsymbol{B})$.

定义 2.7 (方阵的幂) 若 $\boldsymbol{A}=(a_{ij})_{n\times n}$ 为 n 阶方(矩)阵,k 为正整数,则 k 个 $\boldsymbol{A}$ 的连乘积称为方阵 $\boldsymbol{A}$ 的 k 次幂,记作 $\boldsymbol{A}^k$.

方阵的幂具有以下性质:

(1) 一般规定 $\boldsymbol{A}^0=\boldsymbol{I}$ $(\boldsymbol{A}\neq0)$.

(2) $\boldsymbol{A}^k\boldsymbol{A}^l=\boldsymbol{A}^{k+l}$.

(3) $(\boldsymbol{A}^k)^l=\boldsymbol{A}^{kl}$.

例 2.5 设 $\boldsymbol{A}=\begin{pmatrix}2&1&1\\3&1&0\\0&1&2\end{pmatrix}$,求 $\boldsymbol{A}^3$.

解 $$\boldsymbol{A}^3=\begin{pmatrix}2&1&1\\3&1&0\\0&1&2\end{pmatrix}^3=\begin{pmatrix}7&4&4\\9&4&3\\3&3&4\end{pmatrix}\begin{pmatrix}2&1&1\\3&1&0\\0&1&2\end{pmatrix}=\begin{pmatrix}26&15&15\\30&16&15\\15&10&11\end{pmatrix}.$$

定义 2.8 (矩阵的转置) 将 $m\times n$ 的矩阵 $\boldsymbol{A}$ 的行换成同序数的列而得到 $n\times m$ 的矩阵,称为矩阵 $\boldsymbol{A}$ 的转置矩阵,记作 $\boldsymbol{A}^{\mathrm{T}}$(或 $\boldsymbol{A}'$),即若

$$\boldsymbol{A}=\begin{pmatrix}a_{11}&a_{12}&\cdots&a_{1n}\\a_{21}&a_{22}&\cdots&a_{2n}\\\vdots&\vdots&&\vdots\\a_{m1}&a_{m2}&\cdots&a_{mn}\end{pmatrix},$$

则

$$\boldsymbol{A}^{\mathrm{T}}=\begin{pmatrix}a_{11}&a_{21}&\cdots&a_{m1}\\a_{12}&a_{22}&\cdots&a_{m2}\\\vdots&\vdots&&\vdots\\a_{1n}&a_{2n}&\cdots&a_{mn}\end{pmatrix}.$$

关于矩阵的转置,有下述性质:

(1) $(\boldsymbol{A}^{\mathrm{T}})^{\mathrm{T}}=\boldsymbol{A}$.

(2) $(\boldsymbol{A}+\boldsymbol{B})^{\mathrm{T}}=\boldsymbol{A}^{\mathrm{T}}+\boldsymbol{B}^{\mathrm{T}}$.

(3) $(k\boldsymbol{A})^{\mathrm{T}}=k\boldsymbol{A}^{\mathrm{T}}$.

(4) $(\boldsymbol{AB})^{\mathrm{T}}=\boldsymbol{B}^{\mathrm{T}}\boldsymbol{A}^{\mathrm{T}}$.

这里,我们只证明性质(4),其余由读者自己证明.

证明 记 $\boldsymbol{A}=(a_{ik})_{m\times l}$, $\boldsymbol{B}=(b_{kj})_{l\times n}$, 设 $\boldsymbol{AB}=\boldsymbol{C}=(c_{ij})_{m\times n}$, 其中

$$c_{ij}=a_{i1}b_{1j}+a_{i2}b_{2j}+\cdots+a_{il}b_{lj}=\sum_{k=1}^{l}a_{ik}b_{kj}.$$

故 $(\boldsymbol{AB})^{\mathrm{T}}=\boldsymbol{C}^{\mathrm{T}}$, 其第 j 行第 i 列元素为 $c_{ij}=\sum\limits_{k=1}^{l}a_{ik}b_{kj}$.

又 $\boldsymbol{B}^{\mathrm{T}}=(b_{jk})_{n\times l}$, $\boldsymbol{A}^{\mathrm{T}}=(a_{ki})_{l\times m}$, 故 $\boldsymbol{B}^{\mathrm{T}}\boldsymbol{A}^{\mathrm{T}}=\boldsymbol{D}=(d_{ij})_{n\times m}$, 它的第 j 行第 i 列元素为 $d_{ji}=b_{1j}a_{i1}+b_{2j}a_{i2}+\cdots+b_{lj}a_{il}=\sum\limits_{k=1}^{l}b_{kj}a_{ik}$. 由此 $(\boldsymbol{AB})^{\mathrm{T}}$ 与 $\boldsymbol{B}^{\mathrm{T}}\boldsymbol{A}^{\mathrm{T}}$ 的第 j 行第 i 列元素相等,这样就证明了 $(\boldsymbol{AB})^{\mathrm{T}}=\boldsymbol{B}^{\mathrm{T}}\boldsymbol{A}^{\mathrm{T}}$.

例 2.6 设 $\boldsymbol{A}=\begin{pmatrix}1&2\\0&1\end{pmatrix}$, $\boldsymbol{B}=\begin{pmatrix}1&0&1\\2&1&3\end{pmatrix}$, $\boldsymbol{C}=\begin{pmatrix}2&1&1\\0&1&2\end{pmatrix}$, 计算 $(\boldsymbol{C}^{\mathrm{T}}-2\boldsymbol{B}^{\mathrm{T}}\boldsymbol{A})^{\mathrm{T}}+\boldsymbol{A}^{\mathrm{T}}\boldsymbol{B}$.

解
$$\begin{aligned}(\boldsymbol{C}^{\mathrm{T}}-2\boldsymbol{B}^{\mathrm{T}}\boldsymbol{A})^{\mathrm{T}}+\boldsymbol{A}^{\mathrm{T}}\boldsymbol{B}&=\boldsymbol{C}-2\boldsymbol{A}^{\mathrm{T}}\boldsymbol{B}+\boldsymbol{A}^{\mathrm{T}}\boldsymbol{B}=\boldsymbol{C}-\boldsymbol{A}^{\mathrm{T}}\boldsymbol{B}\\&=\begin{pmatrix}2&1&1\\0&1&2\end{pmatrix}-\begin{pmatrix}1&0\\2&1\end{pmatrix}\begin{pmatrix}1&0&1\\2&1&3\end{pmatrix}\\&=\begin{pmatrix}2&1&1\\0&1&2\end{pmatrix}-\begin{pmatrix}1&0&1\\4&1&5\end{pmatrix}=\begin{pmatrix}1&1&0\\-4&0&-3\end{pmatrix}.\end{aligned}$$

下面介绍一些有用的特殊方阵:

(1) **对称矩阵**:设 $\boldsymbol{A}=(a_{ij})_{n\times n}$ 为 n 阶方阵,若 $\boldsymbol{A}=\boldsymbol{A}^{\mathrm{T}}$, 称方(矩)阵为对称(矩)阵. 如矩阵 $\boldsymbol{A}=\begin{bmatrix}1&3&4\\3&2&0\\4&0&1\end{bmatrix}$ 为对称矩阵.

(2) **对角矩阵**:如果 n 阶方阵 $\boldsymbol{A}=(a_{ij})_{n\times n}$ 中元素满足 $a_{ij}=0$ $(i\neq j, i, j=1, 2, \cdots, n)$, 则此类矩阵为对角矩阵,即 $\boldsymbol{A}=\begin{bmatrix}a_{11}&&&\\&a_{22}&&\\&&\ddots&\\&&&a_{nn}\end{bmatrix}$ (未写出的地方均为零), 显然对角矩阵是一种对称阵. 特别地,当 $a_{11}=a_{22}=\cdots=a_{nn}=1$ 时,得到了前面介绍过的 n 阶单位阵 $\boldsymbol{E}_n=\begin{bmatrix}1&&&\\&1&&\\&&\ddots&\\&&&1\end{bmatrix}$.

(3) **反对称阵**：设 $\boldsymbol{A}=(a_{ij})_{n\times n}$ 为 n 阶方阵，若 $\boldsymbol{A}=-\boldsymbol{A}^{\mathrm{T}}$，则称方(矩)阵为反对称(矩)阵.

例 2.7 设 $\boldsymbol{A}$ 为 n 阶对称矩阵设 $\boldsymbol{U}$ 为 n 阶方阵，$\boldsymbol{E}_n$ 为 n 阶单位阵，试证明：$\boldsymbol{M}=\boldsymbol{E}_n-\boldsymbol{UAU}^{\mathrm{T}}$ 为对称矩阵.

证明 由

$$
\begin{aligned}
M^{\mathrm{T}} &= (\boldsymbol{E}_n-\boldsymbol{UAU}^{\mathrm{T}})^{\mathrm{T}} \\
&= \boldsymbol{E}_n^{\mathrm{T}}-(\boldsymbol{UAU}^{\mathrm{T}})^{\mathrm{T}} \\
&= \boldsymbol{E}_n-(\boldsymbol{U}^{\mathrm{T}})^{\mathrm{T}}\boldsymbol{A}^{\mathrm{T}}\boldsymbol{U}^{\mathrm{T}} \\
&= \boldsymbol{E}_n-\boldsymbol{UA}^{\mathrm{T}}\boldsymbol{U}^{\mathrm{T}}.
\end{aligned}
$$

由 $\boldsymbol{A}=\boldsymbol{A}^{\mathrm{T}}$ 知，$\boldsymbol{M}^{\mathrm{T}}=\boldsymbol{E}_n-\boldsymbol{UAU}^{\mathrm{T}}=\boldsymbol{M}$，即 $\boldsymbol{M}=\boldsymbol{E}_n-\boldsymbol{UAU}^{\mathrm{T}}$ 为对称矩阵.

定义 2.9 **(方阵的行列式)** 由 n 阶方阵 $\boldsymbol{A}$ 的元素按原来的位置所构成的行列式，称为方阵 $\boldsymbol{A}$ 的行列式，记作 $|\boldsymbol{A}|$ 或 $\det(\boldsymbol{A})$，即若

$$
\boldsymbol{A}=\begin{pmatrix} a_{11} & a_{12} & \cdots & a_{1n} \\ a_{21} & a_{22} & \cdots & a_{2n} \\ \vdots & \vdots & & \vdots \\ a_{n1} & a_{n2} & \cdots & a_{nn} \end{pmatrix},
$$

则
$$
|\boldsymbol{A}|=\begin{vmatrix} a_{11} & a_{12} & \cdots & a_{1n} \\ a_{21} & a_{22} & \cdots & a_{2n} \\ \vdots & \vdots & & \vdots \\ a_{n1} & a_{n2} & \cdots & a_{nn} \end{vmatrix}.
$$

注意：n 阶方阵 $\boldsymbol{A}$ 与它的行列式 $|A|$ 是完全不同的两个概念，只有方阵才有行列式. 利用行列式相应的性质，可得出方阵的行列式满足如下性质：

(1) $|\boldsymbol{A}^{\mathrm{T}}|=|\boldsymbol{A}|$.

(2) $|k\boldsymbol{A}|=k^n|\boldsymbol{A}|$.

(3) 若 $\boldsymbol{A}$, $\boldsymbol{B}$ 均为 n 阶方阵，则 $|\boldsymbol{AB}|=|\boldsymbol{BA}|=|\boldsymbol{A}||\boldsymbol{B}|$.

例 2.8 已知矩阵 $\boldsymbol{A}=\begin{pmatrix}1 & 2\\ 3 & 4\end{pmatrix}$，$\boldsymbol{B}=\begin{pmatrix}3 & 4\\ 2 & 1\end{pmatrix}$，求 $|\boldsymbol{BA}|$.

解 因为

$$
\boldsymbol{BA}=\begin{pmatrix}3 & 4\\ 2 & 1\end{pmatrix}\begin{pmatrix}1 & 2\\ 3 & 4\end{pmatrix}=\begin{pmatrix}15 & 22\\ 5 & 8\end{pmatrix},
$$

所以

$$
|\boldsymbol{BA}|=\begin{vmatrix}15 & 22\\ 5 & 8\end{vmatrix}=10.
$$

2.2 逆 矩 阵

2.2.1 逆矩阵的概念

定义 2.10 (**逆矩阵**) 设 $\boldsymbol{A}$ 为一个 n 阶方阵,如果存在一个 n 阶方阵 $\boldsymbol{B}$,使得

$$\boldsymbol{AB}=\boldsymbol{BA}=\boldsymbol{E},$$

则称 $\boldsymbol{A}$ 为可逆矩阵(简称 $\boldsymbol{A}$ 可逆),并称 $\boldsymbol{B}$ 为 $\boldsymbol{A}$ 的一个逆矩阵;否则,称 $\boldsymbol{A}$ 为不可逆矩阵.

例如,矩阵 $\boldsymbol{A}=\begin{pmatrix}1 & 2\\ 2 & 5\end{pmatrix}$,存在一个矩阵 $\boldsymbol{B}=\begin{pmatrix}5 & -2\\ -2 & 1\end{pmatrix}$,使得 $\boldsymbol{AB}=\boldsymbol{BA}=\boldsymbol{E}$. 所以 $\boldsymbol{A}$ 可逆,且 $\boldsymbol{B}$ 是 $\boldsymbol{A}$ 的一个逆矩阵.

可逆矩阵具有如下一些性质:

性质 1 若方阵 $\boldsymbol{A}$ 是可逆矩阵,则 $\boldsymbol{A}$ 的逆矩阵是唯一的.

证明 设矩阵 $\boldsymbol{B}$ 和 $\boldsymbol{C}$ 都是 $\boldsymbol{A}$ 的逆矩阵,则由

$$\boldsymbol{AB}=\boldsymbol{BA}=\boldsymbol{E},\ \boldsymbol{AC}=\boldsymbol{CA}=\boldsymbol{E},$$

于是有

$$\boldsymbol{B}=\boldsymbol{EB}=(\boldsymbol{CA})\boldsymbol{B}=\boldsymbol{C}(\boldsymbol{AB})=\boldsymbol{CE}=\boldsymbol{C}.$$

故 $\boldsymbol{A}$ 的逆矩阵是唯一的.

一般我们常用记号 $\boldsymbol{A}^{-1}$ 表示方阵 $\boldsymbol{A}$ 的逆矩阵,所以对于可逆矩阵 $\boldsymbol{A}$,有

$$\boldsymbol{AA}^{-1}=\boldsymbol{A}^{-1}\boldsymbol{A}=\boldsymbol{E}.$$

性质 2 若方阵 $\boldsymbol{A}$ 可逆,则 $\boldsymbol{A}^{-1}$ 亦可逆,且 $(\boldsymbol{A}^{-1})^{-1}=\boldsymbol{A}$.

性质 3 若方阵 $\boldsymbol{A}$ 可逆,且常数 $k\neq 0$, 则 $k\boldsymbol{A}$ 可逆,且 $(k\boldsymbol{A})^{-1}=\dfrac{1}{k}\boldsymbol{A}^{-1}$.

性质 4 若 $\boldsymbol{A}$ 可逆,则 $\boldsymbol{A}$ 亦可逆,且 $(\boldsymbol{A}^{\mathrm{T}})^{-1}=(\boldsymbol{A}^{-1})^{\mathrm{T}}$.

性质 5 若 $\boldsymbol{A}$, $\boldsymbol{B}$ 为同阶的可逆方阵,则 $\boldsymbol{AB}$ 可逆,且 $(\boldsymbol{AB})^{-1}=\boldsymbol{B}^{-1}\boldsymbol{A}^{-1}$.

这里仅证明性质 4 和性质 5,其余 3 个性质由读者自己证明.

证明 (性质 4): 设方阵 $\boldsymbol{A}$ 可逆,则有

$$\boldsymbol{AA}^{-1}=\boldsymbol{A}^{-1}\boldsymbol{A}=\boldsymbol{E},$$

上式两边取转置得

$$\boldsymbol{A}^{\mathrm{T}}(\boldsymbol{A}^{-1})^{\mathrm{T}}=(\boldsymbol{A}^{-1}\boldsymbol{A})^{\mathrm{T}}=\boldsymbol{E}^{\mathrm{T}}=\boldsymbol{E},$$

由逆矩阵的定义可知,$\boldsymbol{A}^{\mathrm{T}}$ 可逆,且

$$(\boldsymbol{A}^{\mathrm{T}})^{-1}=(\boldsymbol{A}^{-1})^{\mathrm{T}}.$$

证明 (性质 5)：设 $\boldsymbol{A}$，$\boldsymbol{B}$ 为同阶的可逆方阵，则有

$$\boldsymbol{A}\boldsymbol{A}^{-1}=\boldsymbol{A}^{-1}\boldsymbol{A}=\boldsymbol{E},\ \boldsymbol{B}\boldsymbol{B}^{-1}=\boldsymbol{B}^{-1}\boldsymbol{B}=\boldsymbol{E},$$

所以有

$$(\boldsymbol{AB})(\boldsymbol{B}^{-1}\boldsymbol{A}^{-1})=\boldsymbol{A}(\boldsymbol{BB}^{-1})\boldsymbol{A}^{-1}=\boldsymbol{AEA}^{-1}=\boldsymbol{AA}^{-1}=\boldsymbol{E},$$

$$(\boldsymbol{B}^{-1}\boldsymbol{A}^{-1})(\boldsymbol{AB})=\boldsymbol{B}^{-1}(\boldsymbol{AA}^{-1})\boldsymbol{B}=\boldsymbol{B}^{-1}\boldsymbol{EB}=\boldsymbol{B}^{-1}\boldsymbol{B}=\boldsymbol{E}.$$

由逆矩阵的定义可知，$\boldsymbol{AB}$ 可逆，且 $\boldsymbol{B}^{-1}\boldsymbol{A}^{-1}$ 为 $\boldsymbol{AB}$ 的逆矩阵，即

$$(\boldsymbol{AB})^{-1}=\boldsymbol{B}^{-1}\boldsymbol{A}^{-1}.$$

若 $\boldsymbol{A}$ 是在 2.1.2 中提到的分块矩阵 $\boldsymbol{A}=\begin{pmatrix}A_1 & & & \\ & A_2 & & \\ & & \ddots & \\ & & & A_s\end{pmatrix}$，且 $|\boldsymbol{A}_i|\neq 0(i=1,2,\cdots,s)$，则 $\boldsymbol{A}^{-1}=\begin{pmatrix}A_1^{-1} & & & \\ & A_2^{-1} & & \\ & & \ddots & \\ & & & A_s^{-1}\end{pmatrix}$，即分块对角阵若可逆(只需每个子块的行列式不等于零即可)，则其逆矩阵仍是一个分块对角阵，其对角线上的元素为相应的子块的逆矩阵.

例 2.9 设 $\boldsymbol{A}=\begin{pmatrix}a_1 & & & \\ & a_2 & & \\ & & \ddots & \\ & & & a_n\end{pmatrix}$ 为 n 阶对角阵，且 $a_1a_2\cdots a_n\neq 0$，验证：

$$\boldsymbol{A}^{-1}=\begin{pmatrix}\dfrac{1}{a_1} & & & \\ & \dfrac{1}{a_2} & & \\ & & \ddots & \\ & & & \dfrac{1}{a_n}\end{pmatrix}.$$

证明 由 $a_1a_2\cdots a_n\neq 0$，知 $a_i\neq 0\ (i=1,2,\cdots,n)$，故

$$\begin{pmatrix}a_1 & & & \\ & a_2 & & \\ & & \ddots & \\ & & & a_n\end{pmatrix}\begin{bmatrix}\dfrac{1}{a_1} & & & \\ & \dfrac{1}{a_2} & & \\ & & \ddots & \\ & & & \dfrac{1}{a_n}\end{bmatrix}=\boldsymbol{B}=(b_{ij})_{n\times n}.$$

其中 $b_{ij}=\begin{cases}1, & i=j,\\ 0, & i\neq j,\end{cases}$ 即 $\boldsymbol{B}=\boldsymbol{E}$.

同理可知 $\begin{pmatrix}\frac{1}{a_1} & & & \\ & \frac{1}{a_2} & & \\ & & \ddots & \\ & & & \frac{1}{a_n}\end{pmatrix}\begin{pmatrix}a_1 & & & \\ & a_2 & & \\ & & \ddots & \\ & & & a_n\end{pmatrix}=\boldsymbol{E}$.

所以

$$\boldsymbol{A}^{-1}=\begin{pmatrix}\frac{1}{a_1} & & & \\ & \frac{1}{a_2} & & \\ & & \ddots & \\ & & & \frac{1}{a_n}\end{pmatrix}.$$

2.2.2　可逆矩阵的判别定理及求法

由逆矩阵的定义可知，有的矩阵是可逆的，有的矩阵是不可逆的. 下面要讨论的问题是什么样的方阵有逆（矩阵），如果方阵 $\boldsymbol{A}$ 存在 $\boldsymbol{A}^{-1}$，如何求得 $\boldsymbol{A}^{-1}$.

定义 2.11　（伴随矩阵） 设 $\boldsymbol{A}=\begin{pmatrix}a_{11} & a_{12} & \cdots & a_{1n}\\ a_{21} & a_{22} & \cdots & a_{2n}\\ \vdots & \vdots & & \vdots\\ a_{n1} & a_{n2} & \cdots & a_{nn}\end{pmatrix}$，$A_{ij}$ 为 $|\boldsymbol{A}|$ 中元素 a_{ij} 的代数余子式，则矩阵

$$\boldsymbol{A}^{*}=\begin{pmatrix}A_{11} & A_{21} & \cdots & A_{n1}\\ A_{12} & A_{22} & \cdots & A_{n2}\\ \vdots & \vdots & & \vdots\\ A_{1n} & A_{2n} & \cdots & A_{nn}\end{pmatrix}$$

称为 $\boldsymbol{A}$ 的伴随矩阵.

注意：定义说明 $\boldsymbol{A}^{*}$ 中第 i 列的元素为矩阵 $\boldsymbol{A}$ 中第 i 行元素的代数余子式.

定理 2.1　任意一个 n 阶方阵 $\boldsymbol{A}$ 与其伴随矩阵 $\boldsymbol{A}^{*}$ 的乘积等于数量矩阵 $|\boldsymbol{A}|\boldsymbol{E}_n$，即

$$\boldsymbol{A}\boldsymbol{A}^{*}=\boldsymbol{A}^{*}\boldsymbol{A}=|\boldsymbol{A}|\boldsymbol{E}_n.$$

证明 只需证明 $AA^* = |A| E_n$.

记 $AA^* = \begin{pmatrix} a_{11} & a_{12} & \cdots & a_{1n} \\ a_{21} & a_{22} & \cdots & a_{2n} \\ \vdots & \vdots & & \vdots \\ a_{n1} & a_{n2} & \cdots & a_{nn} \end{pmatrix} \begin{pmatrix} A_{11} & A_{21} & \cdots & A_{n1} \\ A_{12} & A_{22} & \cdots & A_{n2} \\ \vdots & \vdots & & \vdots \\ A_{1n} & A_{2n} & \cdots & A_{nn} \end{pmatrix} = B = (b_{ij})_{n\times n}$,

则

$$b_{ij} = a_{i1}A_{j1} + a_{i2}A_{j2} + \cdots + a_{in}A_{jn},$$

由行列式中关于代数余子式的性质,得 $b_{ij} = \begin{cases} 0, & i \neq j, \\ |A|, & i = j, \end{cases}$ 即

$$B = \begin{pmatrix} |A| & & & \\ & |A| & & \\ & & \ddots & \\ & & & |A| \end{pmatrix}_{n\times n} = |A| E_n.$$

同理可证明 $A'A = |A| E_n$.

定理 2.2 若方阵 A 存在逆矩阵 A^{-1},则 $|A| \neq 0$.

证明 由于 A 存在逆矩阵 A^{-1},则 $AA^{-1} = E$,故 $|AA^{-1}| = |A||A^{-1}| = |E| = 1$,故 $|A| \neq 0$.

推论 2.1 若 $|A| = 0$,则 A 不存在逆矩阵.

定理 2.3 设 A 为 n 阶方阵,若 $|A| \neq 0$,则 A 可逆,且

$$A^{-1} = \frac{1}{|A|}A^*,$$

其中 A^* 为 A 的伴随矩阵.

证明 作 $B = \frac{1}{|A|}A^*$,则由定义 2.11 得

$$AB = A\,\frac{1}{|A|}A^* = \frac{1}{|A|}(AA^*) = \frac{1}{|A|}(|A|E) = E,$$

$$BA = \frac{1}{|A|}(A^*A) = \frac{1}{|A|}(|A|E) = E.$$

所以,按逆矩阵的定义,可知 A 可逆,且 $A^{-1} = B = \frac{1}{|A|}A^*$ 为 A 的逆矩阵.

注意:上述定理不但给出了判断一个矩阵是否可逆的条件,同时也给出了求逆矩阵的一种方法.

例 2.10 设 $A = \begin{pmatrix} a & b \\ c & d \end{pmatrix}$,且 $|A| = ad - bc \neq 0$,求 A^{-1}.

解　由于 $|\boldsymbol{A}|=ad-bc\neq 0$，知 $\boldsymbol{A}^{-1}$存在. 容易计算得

$$\boldsymbol{A}^{*}=\begin{pmatrix} d & -b \\ -c & a \end{pmatrix},$$

所以

$$\boldsymbol{A}^{-1}=\frac{1}{|\boldsymbol{A}|}\boldsymbol{A}^{*}=\frac{1}{|\boldsymbol{A}|}\begin{pmatrix} d & -b \\ -c & a \end{pmatrix}=\begin{pmatrix} \dfrac{d}{ad-bc} & -\dfrac{b}{ad-bc} \\ -\dfrac{c}{ad-bc} & \dfrac{a}{ad-bc} \end{pmatrix}.$$

例 2.11　判断矩阵

$$\boldsymbol{A}=\begin{pmatrix} 2 & -1 & 1 \\ 0 & 2 & 1 \\ 0 & 5 & 3 \end{pmatrix}$$

是否可逆. 若 A 可逆,求 $\boldsymbol{A}^{-1}$.

解　因为

$$|\boldsymbol{A}|=\begin{vmatrix} 2 & -1 & 1 \\ 0 & 2 & 1 \\ 0 & 5 & 3 \end{vmatrix}=2\begin{vmatrix} 2 & 1 \\ 5 & 3 \end{vmatrix}=2\neq 0,$$

可知 $\boldsymbol{A}^{-1}$ 存在,且$|\boldsymbol{A}|$中元素的代数余子式分别为

$$A_{11}=(-1)^{1+1}\begin{vmatrix} 2 & 1 \\ 5 & 3 \end{vmatrix}=1,\ A_{12}=(-1)^{1+2}\begin{vmatrix} 0 & 1 \\ 0 & 3 \end{vmatrix}=0,\ A_{13}=(-1)^{1+3}\begin{vmatrix} 0 & 2 \\ 0 & 5 \end{vmatrix}=0,$$

$$A_{21}=(-1)^{2+1}\begin{vmatrix} -1 & 1 \\ 5 & 3 \end{vmatrix}=8,\ A_{22}=(-1)^{2+2}\begin{vmatrix} 2 & 1 \\ 0 & 3 \end{vmatrix}=6,\ A_{23}=(-1)^{2+3}\begin{vmatrix} 2 & -1 \\ 0 & 5 \end{vmatrix}=-10,$$

$$A_{31}=(-1)^{3+1}\begin{vmatrix} -1 & 1 \\ 2 & 1 \end{vmatrix}=-3,\ A_{32}=(-1)^{3+2}\begin{vmatrix} 2 & 1 \\ 0 & 1 \end{vmatrix}=-2,\ A_{33}=(-1)^{3+3}\begin{vmatrix} 2 & -1 \\ 0 & 2 \end{vmatrix}=4,$$

从而得到 $\boldsymbol{A}$ 的伴随矩阵

$$\boldsymbol{A}^{*}=\begin{pmatrix} 1 & 8 & -3 \\ 0 & 6 & -2 \\ 0 & -10 & 4 \end{pmatrix}.$$

所以 $\boldsymbol{A}$ 的逆矩阵为

$$\boldsymbol{A}^{-1}=\frac{1}{|\boldsymbol{A}|}\boldsymbol{A}^{*}=\begin{pmatrix} \dfrac{1}{2} & 4 & -\dfrac{3}{2} \\ 0 & 3 & -1 \\ 0 & -5 & 2 \end{pmatrix}.$$

注意：解题中应注意 A^* 的排列方式.

定义 2.12 （非奇异方阵） 对于方阵 A，当 $|A|=0$ 时，称矩阵 A 为奇异方阵. 当 $|A|\neq 0$ 时，称 A 为非奇异方阵.

定理 2.4 方阵 A 可逆的充分必要条件是 $|A|\neq 0$，即可逆矩阵就是非奇异矩阵.

推论 2.2 若 A、B 都是 n 阶方阵，且 $AB=E$，$BA=E$，则 A、B 皆可逆，且 A、B 互为逆矩阵.

证明 由 $AB=E$ 可得

$$|AB|=|A||B|=|E|=1.$$

所以，$|A|\neq 0$，$|B|\neq 0$. 由定理 2.3 可知，A、B 均可逆. 在 $AB=E$ 两边左乘 A^{-1}，得

$$A^{-1}=B,$$

在 $AB=E$ 两边右乘 B^{-1}，得

$$B^{-1}=A,$$

即 A、B 互为逆矩阵.

注意：若需要判断 A 是 B 的逆矩阵，只需要验证 $AB=E$ 或者 $BA=E$ 中的一个即可. 这种方法比直接利用定义来计算要简单得多.

例 2.12 设 A、B 为同阶可逆方阵，且 $E+AB$ 也是可逆方阵，求 $(E+A^{-1}B^{-1})$ 的逆矩阵.

解 由于 A、B 均为可逆方阵，故 A^{-1}，B^{-1} 都存在. 注意到

$$E+AB=A(A^{-1}+B)=A(A^{-1}B^{-1}+E)B,$$

即

$$E+A^{-1}B^{-1}=A^{-1}(E+AB)B^{-1}.$$

故

$$\begin{aligned}(E+A^{-1}B^{-1})^{-1}&=[A^{-1}(E+AB)B^{-1}]^{-1}=(B^{-1})^{-1}(E+AB)^{-1}(A^{-1})^{-1}\\&=B(E+AB)^{-1}A.\end{aligned}$$

例 2.13 利用逆矩阵解线性方程组

$$\begin{cases}x_1+\qquad 2x_3=3,\\ \qquad 3x_2+2x_3=2,\\ x_1-2x_2\qquad =5.\end{cases}$$

解 若将方程组的系数，变量及右端项分别记为矩阵

$$A=\begin{pmatrix}1&0&2\\0&3&2\\1&-2&0\end{pmatrix},\ X=\begin{pmatrix}x_1\\x_2\\x_3\end{pmatrix},\ B=\begin{pmatrix}3\\2\\5\end{pmatrix},$$

则原方程组对应的矩阵方程为

$$\boldsymbol{AX}=\boldsymbol{B}.$$

按照例 2.11 的方法，可知方阵 $\boldsymbol{A}$ 可逆，且

$$\boldsymbol{A}^{-1}=\frac{1}{|\boldsymbol{A}|}\boldsymbol{A}^{*}=\begin{pmatrix}-2 & 2 & 3\\ -1 & 1 & 1\\ \frac{3}{2} & -1 & -\frac{3}{2}\end{pmatrix}.$$

于是，求得矩阵方程 $\boldsymbol{AX}=\boldsymbol{B}$ 的未知矩阵

$$\boldsymbol{X}=\boldsymbol{A}^{-1}\boldsymbol{B}=\begin{pmatrix}-2 & 2 & 3\\ -1 & 1 & 1\\ \frac{3}{2} & -1 & -\frac{3}{2}\end{pmatrix}\begin{pmatrix}3\\2\\5\end{pmatrix}=\begin{pmatrix}13\\4\\-5\end{pmatrix},$$

即得方程组的解 $x_1=13$，$x_2=4$，$x_3=-5$.

例 2.14 已知矩阵 $\boldsymbol{A}=\begin{pmatrix}2 & -1 & 1\\ 0 & 2 & 1\\ 0 & 5 & 3\end{pmatrix}$，若存在 $\boldsymbol{B}=\begin{pmatrix}1 & 4 & 1\\ 2 & 3 & 1\end{pmatrix}$，求满足矩阵方程 $\boldsymbol{xA}=\boldsymbol{B}$ 的解.

解 由例 2.13 可知，$\boldsymbol{A}$ 可逆，则在矩阵方程 $\boldsymbol{xA}=\boldsymbol{B}$ 的等式两端右乘 $\boldsymbol{A}^{-1}$，可得

$$\boldsymbol{xAA}^{-1}=\boldsymbol{BA}^{-1},$$

即

$$\boldsymbol{x}=\boldsymbol{x}(\boldsymbol{AA}^{-1})=\boldsymbol{BA}^{-1}.$$

利用例 2.11 的结论 $\boldsymbol{A}^{-1}$，可得

$$\boldsymbol{x}=\begin{pmatrix}1 & 4 & 1\\ 2 & 3 & 1\end{pmatrix}\begin{pmatrix}\frac{1}{2} & 4 & -\frac{3}{2}\\ 0 & 3 & -1\\ 0 & -5 & 2\end{pmatrix}=\begin{pmatrix}\frac{1}{2} & 11 & -\frac{7}{2}\\ 1 & 12 & -4\end{pmatrix}.$$

在此例中应特别注意在矩阵方程 $\boldsymbol{xA}=\boldsymbol{B}$ 中消去 $\boldsymbol{A}$ 的方式，在等式两端同时右乘 A^{-1} 是可行的，而左乘的话使矩阵的乘法完全无意义.

2.3 分块矩阵

在矩阵的运算和研究中，有时会遇到行数与列数较高的矩阵，运算时常用“化整为零”的手法，使大矩阵的运算化成许多小矩阵的运算的分块处理.

2.3.1 可逆矩阵的判别定理及求法

分块矩阵：对于矩阵 $\boldsymbol{A}$，用若干条纵直线与横直线把矩阵 $\boldsymbol{A}$ 划分成若干个小矩阵，每个小矩阵称为 $\boldsymbol{A}$ 的子块，以子块为元素的矩阵称为分块矩阵.

例如，矩阵

$$\boldsymbol{A}=\begin{pmatrix} a_{11} & a_{12} & a_{13} & a_{14} \\ a_{21} & a_{22} & a_{23} & a_{24} \\ a_{31} & a_{32} & a_{33} & a_{34} \end{pmatrix}$$

可以做如下形式的分块：

$$\boldsymbol{A}=\left(\begin{array}{cc:cc} a_{11} & a_{12} & a_{13} & a_{14} \\ \hdashline a_{21} & a_{22} & a_{23} & a_{24} \\ a_{31} & a_{32} & a_{33} & a_{34} \end{array}\right).$$

如果将分割成的每个子块都看作一个矩阵，并把它们分别记作

$$\boldsymbol{A}_{11}=(a_{11} \quad a_{12}),\ \boldsymbol{A}_{12}=(a_{13} \quad a_{14}),$$

$$\boldsymbol{A}_{21}=\begin{pmatrix} a_{21} & a_{22} \\ a_{31} & a_{32} \end{pmatrix},\ \boldsymbol{A}_{22}=\begin{pmatrix} a_{23} & a_{24} \\ a_{33} & a_{34} \end{pmatrix},$$

则 A 的分块矩阵就可以简单地记为

$$\boldsymbol{A}=\begin{pmatrix} \boldsymbol{A}_{11} & \boldsymbol{A}_{12} \\ \boldsymbol{A}_{21} & \boldsymbol{A}_{22} \end{pmatrix}.$$

一个矩阵可以根据不同的需要，采用不同的分块形式. 例如，对于上面的矩阵 $\boldsymbol{A}$，也可以做如下形式的分块：

$$\boldsymbol{A}=\left(\begin{array}{c:c:c:c} a_{11} & a_{12} & a_{13} & a_{14} \\ a_{21} & a_{22} & a_{23} & a_{24} \\ a_{31} & a_{32} & a_{33} & a_{34} \end{array}\right)=(\boldsymbol{A}_1 \quad \boldsymbol{A}_2 \quad \boldsymbol{A}_3 \quad \boldsymbol{A}_4).$$

其中

$$\boldsymbol{A}_1=\begin{pmatrix} a_{11} \\ a_{21} \\ a_{31} \end{pmatrix},\ \boldsymbol{A}_2=\begin{pmatrix} a_{12} \\ a_{22} \\ a_{32} \end{pmatrix},\ \boldsymbol{A}_3=\begin{pmatrix} a_{13} \\ a_{23} \\ a_{33} \end{pmatrix},\ \boldsymbol{A}_4=\begin{pmatrix} a_{14} \\ a_{24} \\ a_{34} \end{pmatrix}.$$

2.3.2 分块矩阵的运算

下面讨论分块矩阵的运算. 事实上，把矩阵写成分块矩阵后，对分块矩阵进行运算，只

需将子块当作一般矩阵中的一个元素来看待,并按一般矩阵的运算规则进行运算.

(1) 分块矩阵的加减法.

如果矩阵 A 与矩阵 B 为同型矩阵,而且经相同的划分方法所得的分块矩阵记为

$$\boldsymbol{A}=\begin{pmatrix} A_{11} & A_{12} & \cdots & A_{1r} \\ A_{21} & A_{22} & \cdots & A_{2r} \\ \vdots & \vdots & & \vdots \\ A_{s1} & A_{s2} & \cdots & A_{sr} \end{pmatrix},\ \boldsymbol{B}=\begin{pmatrix} B_{11} & B_{12} & \cdots & B_{1r} \\ B_{21} & B_{22} & \cdots & B_{2r} \\ \vdots & \vdots & & \vdots \\ B_{s1} & B_{s2} & \cdots & B_{sr} \end{pmatrix}.$$

则子块 A_{ij} 与 B_{ij} 必为同型矩阵,且

$$\boldsymbol{A}+\boldsymbol{B}=\begin{pmatrix} A_{11}\pm B_{11} & A_{12}\pm B_{12} & \cdots & A_{1r}\pm B_{1r} \\ A_{21}\pm B_{21} & A_{22}\pm B_{22} & \cdots & A_{2r}\pm B_{2r} \\ \vdots & \vdots & & \vdots \\ A_{s1}\pm B_{s1} & A_{s2}\pm B_{s2} & \cdots & A_{sr}\pm B_{sr} \end{pmatrix}.$$

(2) 数与分块矩阵的乘法.

设 $\boldsymbol{A}=\begin{pmatrix} A_{11} & A_{12} & \cdots & A_{1r} \\ A_{21} & A_{22} & \cdots & A_{2r} \\ \vdots & \vdots & & \vdots \\ A_{s1} & A_{s2} & \cdots & A_{sr} \end{pmatrix}$, λ 为数,则

$$\lambda\boldsymbol{A}=\begin{pmatrix} \lambda A_{11} & \lambda A_{12} & \cdots & \lambda A_{1r} \\ \lambda A_{21} & \lambda A_{22} & \cdots & \lambda A_{2r} \\ \vdots & \vdots & & \vdots \\ \lambda A_{s1} & \lambda A_{s2} & \cdots & \lambda A_{sr} \end{pmatrix}.$$

(3) 分块矩阵的乘法.

设 $\boldsymbol{A}$ 为 $m\times l$ 矩阵,$\boldsymbol{B}$ 为 $l\times n$ 矩阵,分块成

$$\boldsymbol{A}=\begin{pmatrix} A_{11} & A_{12} & \cdots & A_{1t} \\ A_{21} & A_{22} & \cdots & A_{2t} \\ \vdots & \vdots & & \vdots \\ A_{s1} & A_{s2} & \cdots & A_{st} \end{pmatrix},\ \boldsymbol{B}=\begin{pmatrix} B_{11} & B_{12} & \cdots & B_{1r} \\ B_{21} & B_{22} & \cdots & B_{2r} \\ \vdots & \vdots & & \vdots \\ B_{t1} & B_{t2} & \cdots & B_{tr} \end{pmatrix}.$$

其中子块 $A_{i1}, A_{i2}, \cdots, A_{it}$ 的列数等于子块 $B_{1j}, B_{2j}, \cdots, B_{tj}$ 的行数,则

$$\boldsymbol{AB}=\begin{pmatrix} C_{11} & C_{12} & \cdots & C_{1r} \\ C_{21} & C_{22} & \cdots & C_{2r} \\ \vdots & \vdots & & \vdots \\ C_{s1} & C_{s2} & \cdots & C_{sr} \end{pmatrix}.$$

其中 $C_{ij}=\sum_{k=1}^{t}A_{ik}B_{kj}\,(i=1,\ 2,\ \cdots,\ s;\ j=1,\ 2,\ \cdots,\ r)$.

注意：由分块矩阵的乘法规则可知，在矩阵 $\boldsymbol{A}$、$\boldsymbol{B}$ 分块相乘时，应满足两个条件：一是要求 $\boldsymbol{A}$、$\boldsymbol{B}$ 按照普通矩阵的乘法是能相乘的(即左矩阵 $\boldsymbol{A}$ 的列数与右矩阵 $\boldsymbol{B}$ 的行数相同)；二是要求对左矩阵 $\boldsymbol{A}$ 的列的分法与对右矩阵 $\boldsymbol{B}$ 的行的分法一致，即要保证子块与子块乘法的可行性.

例 2.15 设矩阵

$$\boldsymbol{A}=\begin{pmatrix}1&0&-2&0\\0&1&0&-2\\0&0&5&3\end{pmatrix},\ \boldsymbol{B}=\begin{pmatrix}-3&0&3\\1&4&0\\0&1&0\\0&0&1\end{pmatrix},$$

用分块矩阵求 $\boldsymbol{AB}$.

解 若对矩阵 $\boldsymbol{A}$ 做如下分块

$$\boldsymbol{A}=\left(\begin{array}{cc:cc}1&0&-2&0\\0&1&0&-2\\ \hdashline 0&0&5&3\end{array}\right)=\begin{pmatrix}\boldsymbol{E}&-2\boldsymbol{E}\\\boldsymbol{O}&\boldsymbol{A}_{22}\end{pmatrix},$$

且对矩阵 $\boldsymbol{B}$ 做如下形式的分块

$$\boldsymbol{B}=\left(\begin{array}{c:cc}-3&0&3\\1&4&0\\ \hdashline 0&1&0\\0&0&1\end{array}\right)=\begin{pmatrix}\boldsymbol{B}_{11}&\boldsymbol{B}_{12}\\\boldsymbol{O}&\boldsymbol{I}_2\end{pmatrix},$$

则按分块矩阵的乘法，

$$\boldsymbol{AB}=\begin{pmatrix}\boldsymbol{E}&-2\boldsymbol{E}\\\boldsymbol{O}&\boldsymbol{A}_{22}\end{pmatrix}\begin{pmatrix}\boldsymbol{B}_{11}&\boldsymbol{B}_{12}\\\boldsymbol{O}&\boldsymbol{I}_2\end{pmatrix}=\begin{pmatrix}\boldsymbol{B}_{11}&\boldsymbol{B}_{12}-2\boldsymbol{E}\\\boldsymbol{O}&\boldsymbol{A}_{22}\end{pmatrix},$$

$$\boldsymbol{B}_{12}-2\boldsymbol{E}=\begin{pmatrix}0&3\\4&0\end{pmatrix}-\begin{pmatrix}2&0\\0&2\end{pmatrix}=\begin{pmatrix}-2&3\\4&-2\end{pmatrix},$$

于是，求得

$$\boldsymbol{AB}=\left(\begin{array}{c:cc}-3&-2&3\\1&4&-2\\ \hdashline 0&5&3\end{array}\right).$$

(4) 分块矩阵的转置.

设分块矩阵

$$A=\begin{pmatrix} A_{11} & A_{12} & \cdots & A_{1r} \\ A_{21} & A_{22} & \cdots & A_{2r} \\ \vdots & \vdots & & \vdots \\ A_{s1} & A_{s2} & \cdots & A_{sr} \end{pmatrix},$$

则 $\boldsymbol{A}$ 的转置矩阵

$$\boldsymbol{A}^{\mathrm{T}}=\begin{pmatrix} A_{11}^{\mathrm{T}} & A_{21}^{\mathrm{T}} & \cdots & A_{s1}^{\mathrm{T}} \\ A_{12}^{\mathrm{T}} & A_{22}^{\mathrm{T}} & \cdots & A_{s2}^{\mathrm{T}} \\ \vdots & \vdots & & \vdots \\ A_{1r}^{\mathrm{T}} & A_{2r}^{\mathrm{T}} & \cdots & A_{sr}^{\mathrm{T}} \end{pmatrix}.$$

定义 2.13 （分块对角阵） 设 $\boldsymbol{A}$ 为 n 阶方阵，若 $\boldsymbol{A}$ 的分块矩阵只有在主对角线上有非零子块，其余子块均为零矩阵，且对角线上的非零子块均为方阵，即

$$\boldsymbol{A}=\begin{pmatrix} \boldsymbol{A}_1 & & & \\ & \boldsymbol{A}_2 & & \\ & & \ddots & \\ & & & \boldsymbol{A}_s \end{pmatrix}.$$

其中 $\boldsymbol{A}_i (i=1, 2, \cdots, s)$ 均为方阵，而未写出均为零矩阵，则称分块矩阵 $\boldsymbol{A}$ 为分块对角阵.

关于分块对角阵有下述性质：

(1) $|\boldsymbol{A}|=|\boldsymbol{A}_1||\boldsymbol{A}_2|\cdots|\boldsymbol{A}_s|$.

(2) 若 $|\boldsymbol{A}_i|\neq 0\ (i=1, 2, \cdots, s)$，则

$$\boldsymbol{A}^{-1}=\begin{pmatrix} \boldsymbol{A}_1^{-1} & & & \\ & \boldsymbol{A}_2^{-1} & & \\ & & \ddots & \\ & & & \boldsymbol{A}_s^{-1} \end{pmatrix}.$$

例 2.16 设

$$\boldsymbol{A}=\left(\begin{array}{cc:cc} 2 & 5 & 0 & 0 \\ 1 & 3 & 0 & 0 \\ \hdashline 0 & 0 & 1 & 1 \\ 0 & 0 & 1 & 2 \end{array}\right),$$

用分块矩阵形式求 $\boldsymbol{A}^{-1}$.

解 由于 $\boldsymbol{A}=\begin{pmatrix}\boldsymbol{A}_1 & \boldsymbol{O}\\ \boldsymbol{O} & \boldsymbol{A}_2\end{pmatrix}$ 为分块对角阵,而且

$$|\boldsymbol{A}_1|=\begin{vmatrix}2 & 5\\ 1 & 3\end{vmatrix}=1\neq 0,\ |\boldsymbol{A}_2|=\begin{vmatrix}1 & 1\\ 1 & 2\end{vmatrix}=1\neq 0.$$

故分块矩阵的性质,$\boldsymbol{A}^{-1}$存在,且

$$\boldsymbol{A}^{-1}=\begin{pmatrix}\boldsymbol{A}_1^{-1} & \boldsymbol{O}\\ \boldsymbol{O} & \boldsymbol{A}_2^{-1}\end{pmatrix}=\left(\begin{array}{cc:cc}3 & -5 & 0 & 0\\ -1 & 2 & 0 & 0\\ \hdashline 0 & 0 & 2 & -1\\ 0 & 0 & -1 & 1\end{array}\right).$$

2.4 矩阵的初等变换

矩阵的初等变换是矩阵的一种十分重要而且常用的运算,它的作用是寻找与原矩阵等价的行阶梯形矩阵或行最简形矩阵及标准形矩阵. 在此基础上,我们给出用初等变换求逆矩阵和矩阵方程,包括求解线性方程组的方法.

2.4.1 初等变换和初等矩阵

定义 2.14 **(矩阵的初等变换)** 以下三种变换称为矩阵的初等行(列)变换:

(1) 互换矩阵某两行(列)的对应元素. 若记矩阵的第 i 行元素为 r_i,第 j 行元素为 r_j,则此变换常记作 $r_i\leftrightarrow r_j$;若记矩阵的第 i 列元素为 c_i,第 j 列元素为 c_j,互换 c_i 与 c_j 的变换常记作 $c_i\leftrightarrow c_j$.

(2) 以非零常数 k 乘以矩阵的某行(列)中的所有元素. 此变换常记作 $r_i\times k$ 或 kr_i($c_j\times k$ 或 kc_j).

(3) 将矩阵的某行(列)元素的 k 倍加到另一行(列)对应的元素上去. 把第 i 行(列)元素的 k 倍加到第 j 行(列)对应元素上,记作 r_j+kr_i(c_j+kc_i). 注意,经变换后的新矩阵的第 i 行(列)与原矩阵相同,而第 j 行(列)由原来的 r_j(c_j) 变成了 r_j+kr_i(c_j+kc_i). 矩阵的初等行变换与初等列变换,统称为**矩阵的初等变换**.

一个矩阵 $\boldsymbol{A}$ 经过初等变换变成了另一个不同的矩阵 $\boldsymbol{B}$,这一过程常记作 $\boldsymbol{A}\to\boldsymbol{B}$. 有时为了看清变化的形式,往往会在箭头记号上加上说明.

例如,将矩阵

$$\boldsymbol{A}=\begin{pmatrix}1 & 3 & 0 & 4\\ 1 & 2 & 2 & 1\\ 2 & 1 & 5 & 0\end{pmatrix}$$

的第 1 行与第 3 行作交换,有

$$\boldsymbol{A}=\begin{pmatrix}1&3&0&4\\1&2&2&1\\2&1&5&0\end{pmatrix}\xrightarrow{r_1\leftrightarrow r_3}\begin{pmatrix}2&1&5&0\\1&2&2&1\\1&3&0&4\end{pmatrix}=\boldsymbol{B}.$$

又如

$$\boldsymbol{E}_3=\begin{pmatrix}1&0&0\\0&1&0\\0&0&1\end{pmatrix}\xrightarrow{c_3+2c_2}\begin{pmatrix}1&0&0\\0&1&2\\0&0&1\end{pmatrix}$$

表示将三阶单位矩阵的第 2 列元素的 2 倍加到第 3 列对应的元素上去.

注意：矩阵的初等变换是可逆变换，初等变换的逆变换仍是初等变换，且变换类型相同. 例如，变换 $r_i\leftrightarrow r_j$ 的逆变换即为本身；变换 $r_i\times k$ 的逆变换为 $r_i\times\frac{1}{k}$；变换 r_j+kr_i 的逆变换为 $r_j+(-k)r_i$.

定义 2.15　（初等矩阵） 由单位矩阵 $\boldsymbol{E}$ 经过一次初等变换得到的矩阵称为初等矩阵. 因为初等变换有三种，所以初等矩阵也有三种：

(1) 对调两行或对调两列将单位矩阵 $\boldsymbol{E}$ 中的第 i，j 两行（列）对换 $r_i\leftrightarrow r_j$（或 $c_i\leftrightarrow c_j$），得初等矩阵

$$\boldsymbol{E}(i,j)=\begin{pmatrix}1&&&&&&&&\\&\ddots&&&&&&&\\&&1&&&&&&\\&&&0&\cdots&\cdots&\cdots&1&&&\\&&&\vdots&1&&&\vdots&&&\\&&&\vdots&&\ddots&&\vdots&&&\\&&&\vdots&&&1&\vdots&&&\\&&&1&\cdots&\cdots&\cdots&0&&&\\&&&&&&&&1&&\\&&&&&&&&&\ddots&\\&&&&&&&&&&1\end{pmatrix}\begin{matrix}\\\\\\\leftarrow(i)\\\\\\\\\leftarrow(j)\\\\\\\\\end{matrix}.$$

(2) 用数 $k\neq 0$ 乘单位矩阵 E 的第 i 行（列），得初等矩阵

$$\boldsymbol{E}(i(k))=\begin{pmatrix}1&&&&&&\\&\ddots&&&&&\\&&1&&&&\\&&&k&&&\\&&&&1&&\\&&&&&\ddots&\\&&&&&&1\end{pmatrix}\leftarrow(i).$$

(3) 把单位矩阵的第 j 行（第 i 列）的 k 倍加到第 i 行（第 j 列）上，得初等矩阵

$$\boldsymbol{E}(j(k),\ i)=\begin{pmatrix}1 & & & & & & \\ & \ddots & & & & & \\ & & 1 & \cdots & k & & \\ & & & \ddots & \vdots & & \\ & & & & 1 & & \\ & & & & & \ddots & \\ & & & & & & 1\end{pmatrix}\begin{matrix}\\ \leftarrow(i)\\ \\ \\ \\ \leftarrow(j)\\ \\ \end{matrix}=\boldsymbol{E}(j,\ i(k)).$$

矩阵的初等变换与初等矩阵有着非常密切的关系. 引入初等矩阵后,对矩阵实施初等变换时,完全可通过对矩阵 $\boldsymbol{A}$ 左乘或右乘相应的初等矩阵而得到. 这种关系可以由下面的定理给出.

定理 2.5 初等矩阵均可逆,且其逆矩阵也是初等矩阵,并且

$$\boldsymbol{E}(i,\ j)^{-1}=\boldsymbol{E}(i,\ j),\ \boldsymbol{E}(i(k))^{-1}=\boldsymbol{E}\left(i\left(\frac{1}{k}\right)\right),\ \boldsymbol{E}(j(k),\ i)^{-1}=\boldsymbol{E}(j(-k),\ i).$$

定理 2.6 设 $\boldsymbol{A}$ 为 $m\times n$ 矩阵,对 $\boldsymbol{A}$ 作一次初等行变换,则相当于在 $\boldsymbol{A}$ 的左边乘上一个相应的 m 阶初等矩阵;对 $\boldsymbol{A}$ 作一次初等列变换,则相当于在 $\boldsymbol{A}$ 的右边乘上一个相应的 n 阶初等矩阵.

证明 我们仅对 $\boldsymbol{A}$ 作一次第一种初等变换的情况加以说明. 根据定义 2.15(1)的结论,可以验证,用 m 阶初等矩阵 $\boldsymbol{E}(i,\ j)$ 左乘矩阵 $\boldsymbol{A}=(a_{ij})_{m\times n}$ 得

$$\boldsymbol{E}(i,\ j)\boldsymbol{A}=\begin{pmatrix}a_{11} & a_{12} & \cdots & a_{1n}\\ \vdots & \vdots & & \vdots\\ a_{j1} & a_{j2} & \cdots & a_{jn}\\ \vdots & \vdots & & \vdots\\ a_{i1} & a_{i2} & \cdots & a_{in}\\ \vdots & \vdots & & \vdots\\ a_{m1} & a_{m2} & \cdots & a_{mn}\end{pmatrix}\begin{matrix}\\ \leftarrow(i)\\ \\ \\ \\ \leftarrow(j)\\ \\ \end{matrix}=\boldsymbol{B},$$

其结果是矩阵 $\boldsymbol{A}$ 的第 i 行与第 j 行产生了对换,即 $\boldsymbol{E}(i,\ j)\boldsymbol{A}=\boldsymbol{B}$,相当于 $\boldsymbol{A}\xrightarrow{r_i\leftrightarrow r_j}\boldsymbol{B}$.

类似地,用 n 阶初等方矩阵 $\boldsymbol{E}(i,\ j)$ 右乘 $\boldsymbol{A}$,其结果相当于对矩阵 $\boldsymbol{A}$ 进行了一次第 i 列与第 j 列的对换 $(c_i\leftrightarrow c_j)$.

其余两种初等变换的情况可以类似的证明.

2.4.2 矩阵的等价

定义 2.16 **(矩阵等价)** 设 $\boldsymbol{A}$, $\boldsymbol{B}$ 都是 $m\times n$ 的矩阵,如果 $\boldsymbol{B}$ 可由 $\boldsymbol{A}$ 经有限次的初等变换得到,则称矩阵 $\boldsymbol{A}$ 与 $\boldsymbol{B}$ 是等价的,记作 $\boldsymbol{A}\sim\boldsymbol{B}$.

矩阵之间的等价关系一般有如下的性质:

(1) 反身性,$\boldsymbol{A}\sim\boldsymbol{A}$.

(2) 对称性,若 $A \sim B$, 则 $B \sim A$.

(3) 传递性,若 $A \sim B$, $B \sim C$, 则 $A \sim C$.

推论 2.3 两个 $m \times n$ 阶矩阵 A 与 B 等价的充分必要条件是存在有限个 m 阶初等矩阵 $P_1, P_2, \cdots, P_r$ 和 n 阶初等矩阵 $Q_1, Q_2, \cdots, Q_s$, 使得 $P_1P_2\cdots P_rAQ_1Q_2\cdots Q_s = B$.

为了给出利用初等变换求逆矩阵的方法,我们先介绍下面的定义和定理.

行阶梯形矩阵:对于一个矩阵 A,若满足以下两个特点:

(1) 自上而下的各行中,每个非零行的首个非零元素前面零的个数依次增加,使非零行呈阶梯形,且每个阶梯仅有一行.

(2) 元素全为零的行(若有的话)都位于矩阵的最下面.

则称这样的矩阵为行阶梯形矩阵.

如 $A = \begin{pmatrix} 1 & 4 & 0 & 1 \\ 0 & 2 & 1 & 0 \\ 0 & 0 & 0 & 1 \end{pmatrix}$ 是行阶梯形矩阵;同样 $A = \begin{pmatrix} 1 & 3 & 1 \\ 0 & 2 & 2 \\ 0 & 0 & 0 \end{pmatrix}$ 也是行阶梯形矩阵,而 $B = \begin{pmatrix} 1 & 1 & 2 & 0 \\ 0 & 0 & 1 & 2 \\ 0 & 0 & 2 & 0 \end{pmatrix}$ 不是行阶梯形矩阵,因为第 2 行的第一个非零元素 $a_{23} = 1$, 而 a_{23} 之下的 $a_{33} = 2 \neq 0$.

一般地,任一非零矩阵经过一系列的初等行变换均可化简为行阶梯形矩阵.

事实上,设 $A = \begin{pmatrix} a_{11} & a_{12} & \cdots & a_{1n} \\ a_{21} & a_{22} & \cdots & a_{2n} \\ \vdots & \vdots & & \vdots \\ a_{m1} & a_{m2} & \cdots & a_{mn} \end{pmatrix}$, 观察第 1 列元素 $a_{11}, a_{21}, \cdots, a_{m1}$, 若存在一个元素不为零(否则就按顺序考虑第 2 列元素,依此类推),通过两行对换,就能使第 1 列的第一个元素不为零,因此不妨设 $a_{11} \neq 0$, 作初等行变换,将第 1 行元素的 $-\dfrac{a_{i1}}{a_{11}}$ 倍加到第 i 行去 $(i = 2, 3, \cdots, m)$, 这样经 $m-1$ 次的初等行变换可将在 A 中的第 1 列元素中除 a_{11} 之外的其他元素全部变成零,即

$$A \xrightarrow{r_2 - \frac{a_{21}}{a_{11}} r_1} \cdots \xrightarrow{r_m - \frac{a_{m1}}{a_{11}} r_1} B = \left(\begin{array}{c:ccc} a_{11} & a_{12} & \cdots & a_{1n} \\ \hdashline 0 & b_{22} & \cdots & b_{2n} \\ \vdots & \vdots & & \vdots \\ 0 & b_{m2} & \cdots & b_{mn} \end{array}\right),$$

然后,对 B 中余下的右下角的子块重复上面的过程,经不断重复作这样的初等行变换,A 终将变成行阶梯形矩阵.

例 2.17 用初等行变换将 $A = \begin{pmatrix} 0 & 0 & 0 & 1 \\ 1 & 0 & 2 & 1 \\ 3 & 2 & 4 & 0 \end{pmatrix}$ 变成行阶梯形矩阵.

解 $A=\begin{pmatrix}0&0&0&1\\1&0&2&1\\3&2&4&0\end{pmatrix}\xrightarrow{r_1\leftrightarrow r_2}\begin{pmatrix}1&0&2&1\\0&0&0&1\\3&2&4&0\end{pmatrix}\xrightarrow{r_3+(-3)r_1}\begin{pmatrix}1&0&2&1\\0&0&0&1\\0&2&-2&-3\end{pmatrix}$

$$\xrightarrow{r_2\leftrightarrow r_3}\begin{pmatrix}1&0&2&1\\0&2&-2&-3\\0&0&0&1\end{pmatrix}=\boldsymbol{B}.$$

行最简形矩阵：对于一个矩阵 A，若满足以下两个特点：

(1) 具有行阶梯形矩阵的特点.

(2) 每一行的首个非零元素都为 1，且该元素所在列的其余元素都是零.

则称这样的矩阵 A 为行最简形矩阵.

如 $A=\begin{pmatrix}1&2&0\\0&0&1\\0&0&0\end{pmatrix}$ 为行最简形矩阵.

例 2.18 用初等行变换将例 2.17 中的 B 变成行最简形矩阵.

解 $B=\begin{pmatrix}1&0&2&1\\0&2&-2&-3\\0&0&0&1\end{pmatrix}\xrightarrow{r_2+3r_3}\begin{pmatrix}1&0&2&1\\0&2&-2&0\\0&0&0&1\end{pmatrix}$

$$\xrightarrow{r_1+(-1)r_3}\begin{pmatrix}1&0&2&0\\0&2&-2&0\\0&0&0&1\end{pmatrix}\xrightarrow{\frac{1}{2}r_2}\begin{pmatrix}1&0&2&0\\0&1&-1&0\\0&0&0&1\end{pmatrix}=\boldsymbol{C}.$$

C 即为行最简形矩阵.

事实上，初等变换还应包括初等列变换. 一个矩阵同样可由初等列变换变成列阶梯形，直至列最简形矩阵(当然要施以一系列的初等列变换).

标准形矩阵：若一个矩阵 A 经一系列初等变换后所得的矩阵为 B，这个矩阵 B 既是行最简形，又是列最简形，那么这样的矩阵 B 称为矩阵 A 的标准形，记作 S.

例 2.19 将例 2.17 中的 A 化为 A 的标准形.

解 由例 2.17、例 2.18 知，A 经一系列初等行变换，已化成了行最简形

$$\boldsymbol{A}\to\boldsymbol{B}\to\boldsymbol{C}=\begin{pmatrix}1&0&2&0\\0&1&-1&0\\0&0&0&1\end{pmatrix}.$$

因此可用 C 来求 A 的标准形.

$$\boldsymbol{C}=\begin{pmatrix}1&0&2&0\\0&1&-1&0\\0&0&0&1\end{pmatrix}\xrightarrow{c_3+(-2)c_1}\begin{pmatrix}1&0&0&0\\0&1&-1&0\\0&0&0&1\end{pmatrix}\xrightarrow{c_3+c_2}\begin{pmatrix}1&0&0&0\\0&1&0&0\\0&0&0&1\end{pmatrix}$$

$$\xrightarrow{c_3 \leftrightarrow c_4} \begin{pmatrix} 1 & 0 & 0 & 0 \\ 0 & 1 & 0 & 0 \\ 0 & 0 & 1 & 0 \end{pmatrix} = \boldsymbol{S}.$$

$\boldsymbol{S}$ 即为 $\boldsymbol{A}$ 的标准形.

一般情况下，一个 $m \times n$ 的矩阵 $\boldsymbol{A}$ 的标准形总可写作

$$\boldsymbol{S} = \left|\begin{array}{cccc:ccc} 1 & 0 & \cdots & 0 & 0 & \cdots & 0 \\ 0 & 1 & & 0 & 0 & \cdots & 0 \\ \vdots & \vdots & & \vdots & \vdots & & \vdots \\ 0 & 0 & \cdots & 1 & 0 & \cdots & 0 \\ \hdashline 0 & 0 & \cdots & 0 & 0 & \cdots & 0 \\ \vdots & \vdots & & \vdots & \vdots & & \vdots \\ 0 & 0 & \cdots & 0 & 0 & \cdots & 0 \end{array}\right| = \begin{pmatrix} \boldsymbol{E}_r & \boldsymbol{O} \\ \boldsymbol{O} & \boldsymbol{O} \end{pmatrix}.$$

且无论初等变换的次序如何，$\boldsymbol{A}$ 的标准形是唯一的.

求 $\boldsymbol{A}$ 的标准形是一种极其重要的方法，它将在方阵的求逆阵、解线性方程组、求矩阵的秩和向量组的秩等问题上有着广泛的应用.

定理 2.7　任一 $m \times n$ 的矩阵 $\boldsymbol{A}$ 与其标准形矩阵

$$\begin{pmatrix} \boldsymbol{E}_r & \boldsymbol{O} \\ \boldsymbol{O} & \boldsymbol{O} \end{pmatrix}$$

等价.

推论 2.4　若 $\boldsymbol{S} = \begin{pmatrix} \boldsymbol{E}_r & \boldsymbol{O} \\ \boldsymbol{O} & \boldsymbol{O} \end{pmatrix}$ 为矩阵 $\boldsymbol{A} = (a_{ij})_{m \times n}$ 的标准形，则存在有限个 m 阶初等矩阵 $\boldsymbol{P}_1, \boldsymbol{P}_2, \cdots, \boldsymbol{P}_r$，和 n 阶初等矩阵 $\boldsymbol{Q}_1, \boldsymbol{Q}_2, \cdots, \boldsymbol{Q}_s$，使 $\boldsymbol{P}_1\boldsymbol{P}_2\cdots\boldsymbol{P}_r\boldsymbol{A}\boldsymbol{Q}_1\boldsymbol{Q}_2\cdots\boldsymbol{Q}_s = \boldsymbol{S} = \begin{pmatrix} \boldsymbol{E}_r & \boldsymbol{O} \\ \boldsymbol{O} & \boldsymbol{O} \end{pmatrix}$.

定理 2.8　n 阶可逆方阵 $\boldsymbol{A}$ 的标准形为 $\boldsymbol{E}_n$，即可逆矩阵与单位矩阵是等价的.

证明　用反证法. 设 n 阶可逆矩阵 $\boldsymbol{A}$ 的标准形为分块矩阵 $\boldsymbol{S} = \begin{pmatrix} \boldsymbol{E}_r & \boldsymbol{O} \\ \boldsymbol{O} & \boldsymbol{O} \end{pmatrix}$，而 $r < n$，由定理 2.7 的推论知存在有限个 n 阶初等矩阵 $\boldsymbol{P}_1, \boldsymbol{P}_2, \cdots, \boldsymbol{P}_r$ 及 $\boldsymbol{Q}_1, \boldsymbol{Q}_2, \cdots, \boldsymbol{Q}_s$，使

$$\boldsymbol{P}_1\boldsymbol{P}_2\cdots\boldsymbol{P}_r\boldsymbol{A}\boldsymbol{Q}_1\boldsymbol{Q}_2\cdots\boldsymbol{Q}_s = \boldsymbol{S} = \begin{pmatrix} \boldsymbol{E}_r & \boldsymbol{O} \\ \boldsymbol{O} & \boldsymbol{O} \end{pmatrix},$$

而

$$|\boldsymbol{P}_1\boldsymbol{P}_2\cdots\boldsymbol{P}_r\boldsymbol{A}\boldsymbol{Q}_1\boldsymbol{Q}_2\cdots\boldsymbol{Q}_s| = \begin{vmatrix} \boldsymbol{E}_r & \boldsymbol{O} \\ \boldsymbol{O} & \boldsymbol{O} \end{vmatrix},$$

$$|\boldsymbol{P}_1||\boldsymbol{P}_2|\cdots|\boldsymbol{P}_r||\boldsymbol{A}||\boldsymbol{Q}_1||\boldsymbol{Q}_2|\cdots|\boldsymbol{Q}_s| = 0.$$

因 $P_1, P_2, \cdots, P_r$ 及 $Q_1, Q_2, \cdots, Q_s$ 均为可逆方阵,故

$$|P_i| \neq 0 (i=1, 2, \cdots, r), \ |Q_j| \neq 0 (j=1, 2, \cdots, s),$$

推得 $|A|=0$,与 A 是可逆矩阵矛盾. 故 $r=n$,即 $S=E_n$.

定理 2.9 n 阶方阵 A 可逆的充分必要条件是它能表示成有限个初等矩阵之乘积,即存在有限个初等矩阵 $P_1, P_2, \cdots, P_l$,使 $A=P_1P_2\cdots P_l$.

证明 必要性:设 A 可逆,则由定理 2.7 知 A 与 E_n 等价,故存在有限个 n 阶初等方阵 $P_1, P_2, \cdots, P_r$,及 $Q_1, Q_2, \cdots, Q_s$,使

$$P_1P_2\cdots P_r AQ_1Q_2\cdots Q_s=E_n.$$

而 $P_i(i=1, 2, \cdots, r)$, $Q_j(j=1, 2, \cdots, s)$ 均可逆,故

$$A=P_r^{-1}P_{r-1}^{-1}\cdots P_1^{-1}E_nQ_s^{-1}Q_{s-1}^{-1}\cdots Q_1^{-1}=P_r^{-1}P_{r-1}^{-1}\cdots P_1^{-1}Q_s^{-1}Q_{s-1}^{-1}\cdots Q_1^{-1}.$$

而 $P_i^{-1}(i=1, 2, \cdots, r)$, $Q_j^{-1}(j=1, 2, \cdots, s)$ 也是初等矩阵,因此,A 可表示成有限个初等矩阵之乘积.

充分性:若 n 阶方阵 A 可表示成有限个初等矩阵 $P_1, P_2, \cdots, P_s$ 之乘积,即

$$A=P_1P_2\cdots P_s.$$

则由 $P_i(i=1, 2, \cdots, s)$ 可逆知 $A^{-1}=P_s^{-1}P_{s-1}^{-1}\cdots P_2^{-1}P_1^{-1}$,即 A 可逆.

定理 2.10 两个 $m\times n$ 阶矩阵 A 与 B 等价的充分必要条件是存在 m 阶可逆方阵 P 及 n 阶可逆方阵 Q,使 $PAQ=B$.

例 2.20 设矩阵 $A=\begin{pmatrix}1 & 3 & 6 & 2\\3 & 9 & 21 & 6\\2 & 6 & 12 & 4\end{pmatrix}$,求 A 的标准形矩阵 D 和可逆矩阵 P、Q,使 $PAQ=D$.

解 对矩阵 A 作初等变换

$$A=\begin{pmatrix}1 & 3 & 6 & 2\\3 & 9 & 21 & 6\\2 & 6 & 12 & 4\end{pmatrix}$$

$$\xrightarrow[r_3-2r_1]{r_2-3r_1}\begin{pmatrix}1 & 3 & 6 & 2\\0 & 0 & 3 & 0\\0 & 0 & 0 & 0\end{pmatrix}\xrightarrow[r_2\times\frac{1}{3}]{r_1-2r_2}\begin{pmatrix}1 & 3 & 0 & 2\\0 & 0 & 1 & 0\\0 & 0 & 0 & 0\end{pmatrix}$$

$$\xrightarrow[c_4-2c_1]{c_2-3c_1}\begin{pmatrix}1 & 0 & 0 & 0\\0 & 0 & 1 & 0\\0 & 0 & 0 & 0\end{pmatrix}\xrightarrow{c_2\leftrightarrow c_3}\begin{pmatrix}1 & 0 & 0 & 0\\0 & 1 & 0 & 0\\0 & 0 & 0 & 0\end{pmatrix}=D.$$

把上述一系列变换写成矩阵形式,有

$$P=E\left(2\left(\frac{1}{3}\right)\right)E(2(-2), 1)E(1(-2), 3)E(1(-3), 2)$$

$$=\begin{pmatrix}1&0&0\\0&\frac{1}{3}&0\\0&0&1\end{pmatrix}\begin{pmatrix}1&-2&0\\0&1&0\\0&0&1\end{pmatrix}\begin{pmatrix}1&0&0\\0&1&0\\-2&0&1\end{pmatrix}\begin{pmatrix}1&0&0\\-3&1&0\\0&0&1\end{pmatrix}=\begin{pmatrix}7&-2&0\\-1&\frac{1}{3}&0\\-2&0&1\end{pmatrix},$$

$$\boldsymbol{Q}=\boldsymbol{E}(2,\ 1(-3))\boldsymbol{E}(4,\ 1(-2))\boldsymbol{E}(2,\ 3)$$

$$=\begin{pmatrix}1&-3&0&0\\0&1&0&0\\0&0&1&0\\0&0&0&1\end{pmatrix}\begin{pmatrix}1&0&0&-2\\0&1&0&0\\0&0&1&0\\0&0&0&1\end{pmatrix}\begin{pmatrix}1&0&0&0\\0&0&1&0\\0&1&0&0\\0&0&0&1\end{pmatrix}=\begin{pmatrix}1&0&-3&-2\\0&0&1&0\\0&1&0&0\\0&0&0&1\end{pmatrix},$$

即得 $\boldsymbol{PAQ}=\boldsymbol{D}$.

2.4.3 用初等变换求逆矩阵

2.2.2 节中介绍了求可逆矩阵 $\boldsymbol{A}$ 的逆矩阵 $\boldsymbol{A}^{-1}$ 的一种构造性的方法，即

$$\boldsymbol{A}^{-1}=\frac{1}{|\boldsymbol{A}|}\boldsymbol{A}^*.$$

在实际应用中，用此法求 $\boldsymbol{A}^{-1}$ 计算较繁，有诸多不便. 因此在本节中将给出一种利用矩阵的初等变换求逆矩阵的方法.

设 $\boldsymbol{A}$ 为 n 阶可逆方阵，由定理 2.9 知存在有限个初等矩阵 $\boldsymbol{P}_1,\ \boldsymbol{P}_2,\ \cdots,\ \boldsymbol{P}_r$，使 $\boldsymbol{A}=\boldsymbol{P}_1\boldsymbol{P}_2\cdots\boldsymbol{P}_r$，故 $\boldsymbol{A}^{-1}=\boldsymbol{P}_r^{-1}\boldsymbol{P}_{r-1}^{-1}\cdots\boldsymbol{P}_1^{-1}$. 因此只要求得方阵 $\boldsymbol{A}$ 的初等矩阵的分解式，再用这些初等矩阵的逆矩阵(当然它们也存在)即可求得 $\boldsymbol{A}^{-1}$.

于是，我们就得到用初等行变换求 n 阶可逆矩阵 $\boldsymbol{A}$ 的逆矩阵的方法：

作 $n\times 2n$ 的分块矩阵 $\boldsymbol{B}=(\boldsymbol{A}\quad\boldsymbol{E})$，对 $\boldsymbol{B}$ 实施初等行变换，相当于对分块矩阵 $\boldsymbol{B}$ 依次左乘 $\boldsymbol{P}_1^{-1},\ \boldsymbol{P}_2^{-1},\ \cdots,\ \boldsymbol{P}_r^{-1}$，直至将 $\boldsymbol{B}$ 中子块 $\boldsymbol{A}$ 变为 $\boldsymbol{E}$，而此时子块 $\boldsymbol{E}$ 就变成了 $\boldsymbol{P}_r^{-1}\boldsymbol{P}_{r-1}^{-1}\cdots\boldsymbol{P}_1^{-1}$，即 $\boldsymbol{A}^{-1}$，即

$$(\boldsymbol{A}\quad\boldsymbol{E})\xrightarrow{\text{初等行变换}}(\boldsymbol{E}\quad\boldsymbol{A}^{-1}).$$

类似的，我们可以推出用初等列变换求 n 阶可逆矩阵 $\boldsymbol{A}$ 的逆矩阵的方法，即构造一个 $2n\times n$ 矩阵 $\boldsymbol{B}=\begin{pmatrix}\boldsymbol{A}\\\boldsymbol{E}\end{pmatrix}$，进行初等列变换，当上方矩阵化为单位矩阵 $\boldsymbol{E}$ 时，则下方单位矩阵 $\boldsymbol{E}$ 就化成 $\boldsymbol{A}$ 的逆矩阵 $\boldsymbol{A}^{-1}$，即

$$\begin{pmatrix}\boldsymbol{A}\\\boldsymbol{E}\end{pmatrix}\xrightarrow{\text{初等列变换}}\begin{pmatrix}\boldsymbol{E}\\\boldsymbol{A}^{-1}\end{pmatrix}.$$

例 2.21 求矩阵 $\boldsymbol{A}=\begin{pmatrix}1&2&0\\2&1&1\\3&3&2\end{pmatrix}$ 的逆矩阵 $\boldsymbol{A}^{-1}$.

解 作 $B=(A \vdots E)=\left(\begin{array}{ccc:ccc}1&2&0&1&0&0\\2&1&1&0&1&0\\3&3&2&0&0&1\end{array}\right)$，对 B 实施初等行变换如下：

$$B=\left(\begin{array}{ccc:ccc}1&2&0&1&0&0\\2&1&1&0&1&0\\3&3&2&0&0&1\end{array}\right)\xrightarrow[r_3+(-3)r_1]{r_2+(-2)r_1}\left(\begin{array}{ccc:ccc}1&2&0&1&0&0\\0&-3&1&-2&1&0\\0&-3&2&-3&0&1\end{array}\right)$$

$$\xrightarrow{r_3+(-1)r_2}\left(\begin{array}{ccc:ccc}1&2&0&1&0&0\\0&-3&1&-2&1&0\\0&0&1&-1&-1&1\end{array}\right)$$

$$\xrightarrow{r_2+(-1)r_3}\left(\begin{array}{ccc:ccc}1&2&0&1&0&0\\0&-3&0&-1&2&-1\\0&0&1&-1&-1&1\end{array}\right)$$

$$\xrightarrow{\left(-\frac{1}{3}\right)r_2}\left(\begin{array}{ccc:ccc}1&2&0&1&0&0\\0&1&0&\frac{1}{3}&-\frac{2}{3}&\frac{1}{3}\\0&0&1&-1&-1&1\end{array}\right)$$

$$\xrightarrow{r_1+(-2)r_2}\left(\begin{array}{ccc:ccc}1&0&0&\frac{1}{3}&\frac{4}{3}&-\frac{2}{3}\\0&1&0&\frac{1}{3}&-\frac{2}{3}&\frac{1}{3}\\0&0&1&-1&-1&1\end{array}\right).$$

即

$$A^{-1}=\begin{pmatrix}\frac{1}{3}&\frac{4}{3}&-\frac{2}{3}\\\frac{1}{3}&-\frac{2}{3}&\frac{1}{3}\\-1&-1&1\end{pmatrix}.$$

2.5 经济数学模型分析

矩阵在经济管理问题中有着很广泛的应用. 企业管理的关键问题在于如何经营，而经营的核心问题在于如何决策. 例如，在经济管理活动中(如技术引进、产品开发、原料购买、市场销售、资金去向、扩大生产等)，常会遇到各种决策问题. 如何利用统计决策方法来选择一个最有利的决策方案对于企业来说是非常重要的. 下面，将通过一个实例来介绍一种统计决策方法——马尔可夫(Markov)模型.

例 2.22 某企业的投资部门对两家商场进行投资调研，准备选择一家进行投资. 调研的结果显示商场甲吸引着 10 000 名顾客，商场乙有 2 000 名顾客. 此外，调研得知商场甲的 20%顾客在下个月将流向商场乙，而商场乙将有 10%的顾客流向商场甲. 试问：

(1) 假定这种顾客流动趋势继续保持下去，1 个月、2 个月后这两家商场的顾客数分别是多少？

(2) 假定这种趋势保持下去，该企业的投资部门应该如何选择投资对象？

解 (1) 设考察的时间为 k 个月，$x_1^{(k)}$，$x_2^{(k)}$ 分别表经过 k 个月时，商场甲、乙的顾客数量. 则由已知题意可得

$$\begin{cases} x_1^{(0)} = 10\,000, \\ x_2^{(0)} = 2\,000. \end{cases} \tag{2.2}$$

一个月后，两个商场的顾客数量为

$$\begin{cases} x_1^{(1)} = 0.8x_1^{(0)} + 0.1x_2^{(0)}, \\ x_2^{(1)} = 0.2x_1^{(0)} + 0.9x_2^{(0)}. \end{cases} \tag{2.3}$$

将式(2.2)代入式(2.3)得

$$\begin{cases} x_1^{(1)} = 8\,000 + 200 = 8\,200, \\ x_2^{(1)} = 2\,000 + 1\,800 = 3\,800. \end{cases}$$

式(2.3)可以用矩阵的形式表示

$$\begin{bmatrix} x_1^{(1)} \\ x_2^{(1)} \end{bmatrix} = \begin{pmatrix} 0.8 & 0.1 \\ 0.2 & 0.9 \end{pmatrix} \begin{bmatrix} x_1^{(0)} \\ x_2^{(0)} \end{bmatrix}. \tag{2.4}$$

同理，可得

$$\begin{bmatrix} x_1^{(2)} \\ x_2^{(2)} \end{bmatrix} = \begin{pmatrix} 0.8 & 0.1 \\ 0.2 & 0.9 \end{pmatrix} \begin{bmatrix} x_1^{(1)} \\ x_2^{(1)} \end{bmatrix} = \begin{pmatrix} 0.8 & 0.1 \\ 0.2 & 0.9 \end{pmatrix} \begin{pmatrix} 8\,200 \\ 3\,800 \end{pmatrix} = \begin{pmatrix} 6\,490 \\ 5\,060 \end{pmatrix}. \tag{2.5}$$

因此，在 1 个月后商场甲乙的顾客数量分别是 8 200，3 800；在 2 个月后商场甲、乙的顾客数量分别是 6 940，5 060.

(2) 对于该地区的 12 000 名顾客每个月可能去商场甲或者商场乙，我们称这种情况为顾客有两个状态可以选择. 列向量 $\boldsymbol{x}^{(k)} = \begin{bmatrix} x_1^{(k)} \\ x_2^{(k)} \end{bmatrix}$ 表示 k 个月后甲、乙两个商场的顾客数量，也称为 k 个月时的状态向量.

在矩阵(2.4)中，矩阵 $\boldsymbol{P} = \begin{pmatrix} 0.8 & 0.1 \\ 0.2 & 0.9 \end{pmatrix}$ 描述了从目前到 1 个月之后状态的转变，又因为状态改变的这种趋势一直保持下去，所以矩阵 $\boldsymbol{P}$ 也同样描述了第 k 个月到第 $k+1$ 个月状态的转变：

$$\boldsymbol{x}^{(k+1)}=\begin{pmatrix}x_1^{(k+1)}\\x_2^{(k+1)}\end{pmatrix}=\boldsymbol{P}\begin{pmatrix}x_1^{(k)}\\x_2^{(k)}\end{pmatrix}=\boldsymbol{P}x^{(k)}\quad(k=0,1,2\cdots).\tag{2.6}$$

我们把 $\boldsymbol{P}$ 称为**状态转移矩阵**.

下面讨论 $\boldsymbol{P}$ 的一些性质. 令 $\boldsymbol{P}=\begin{pmatrix}p_{11}&p_{12}\\p_{21}&p_{22}\end{pmatrix}$，$p_{11}$ 和 p_{21} 分别表示原来处于状态 1 的顾客在下月继续停留在状态 1 和转移到状态 2 的百分比，于是，有

$$p_{11}+p_{21}=1,\quad 0\leqslant p_{11},\ p_{21}\leqslant 1.$$

同理，有

$$p_{12}+p_{22}=1,\quad 0\leqslant p_{12},\ p_{22}\leqslant 1.$$

因此，一般地，状态转移矩阵 $\boldsymbol{P}$ 的元素 p_{ij} 表示在时间为 k 个月时处于状态 j，到下一时刻 $k+1$ 个月时转移到状态 i 的比率，且有

$$\sum_{i=1}^{2}p_{ij}=1,\quad 0\leqslant p_{ij}\leqslant 1\quad(i,j=1,2).\tag{2.7}$$

上述讨论的 p_{ij} 是不随着时间的变化而变化，而在一般的经济现象下 p_{ij} 将随时间的变化而变化. 在式(2.6)中，矩阵 $\boldsymbol{P}^k$ 描述了从目前到 k 个月后状态的转变. 经过计算，我们可以得到下面的结果：

k	甲的顾客数	乙的顾客数	k	甲的顾客数	乙的顾客数
0	10 000	2 000	12	4 083	7 917
1	8 200	3 800	20	4 005	7 995
2	6 940	5 060	24	4 001	7 999
3	6 058	5 942	30	4 000	8 000
5	5 008	6 992			

由此可见，大约 3 个月后，商场乙的顾客数接近商场甲. 5 个月后，商场乙的顾客数与商场甲的顾客数之比接近 7∶5，并且还在不断增加，但增速不断减缓，所以该企业的投资部门应该选择商场乙进行投资.

在上面的例题中，所有的状态只有两种. 但是一般来说，一个经济现象可能有 3 种或者更多种状态. 所以可以将上述问题的数学模型进行推广：把状态向量 $\boldsymbol{x}^{(k)}$ 考虑为 n 维向量，即 $\boldsymbol{x}^{(k)}=(x_1^{(k)},x_2^{(k)},\cdots,x_n^{(k)})^{\mathrm{T}}$，$\sum\limits_{i=1}^{n}x_i^{(k)}=1$，$0\leqslant x_1^{(k)},x_2^{(k)},\cdots,x_n^{(k)}\leqslant 1$. 同时，状态转移矩阵考虑为 n 阶，同样可以利用递推关系式 $\boldsymbol{x}^{(k+1)}=\boldsymbol{P}\boldsymbol{x}^{(k)}$ 进行计算，则 n 阶状态转移矩阵可以表示为

$$\boldsymbol{P}=\begin{pmatrix} p_{11} & p_{12} & \cdots & p_{1n} \\ p_{21} & p_{22} & \cdots & p_{2n} \\ \vdots & \vdots & & \vdots \\ p_{n1} & p_{n2} & \cdots & p_{nn} \end{pmatrix}.$$

习 题 2

1. 设矩阵

$$\boldsymbol{A}=\begin{pmatrix} 2 & 1 & 0 \\ 1 & 1 & 2 \\ -1 & 2 & 1 \end{pmatrix}, \boldsymbol{B}=\begin{pmatrix} 3 & 1 & -2 \\ 3 & -2 & 1 \\ -3 & 1 & -1 \end{pmatrix},$$

求 $\boldsymbol{A}+\boldsymbol{B}$ 及 $2\boldsymbol{A}-3\boldsymbol{B}$.

2. 设矩阵

$$\boldsymbol{A}=\begin{pmatrix} 3 & 1 & 0 \\ -1 & 2 & 1 \\ 3 & 4 & 2 \end{pmatrix}, \boldsymbol{B}=\begin{pmatrix} 1 & -1 & 0 \\ 2 & -2 & 5 \\ 3 & 4 & 1 \end{pmatrix},$$

求 $\boldsymbol{AB}-\boldsymbol{BA}$, $\boldsymbol{A}^2-\boldsymbol{B}^2$, $(\boldsymbol{A}+\boldsymbol{B})(\boldsymbol{A}-\boldsymbol{B})$, $\boldsymbol{B}^{\mathrm{T}}\boldsymbol{A}^{\mathrm{T}}$.

3. 计算下列矩阵的乘积:

(1) $\begin{pmatrix} 5 & 2 \\ 3 & 1 \end{pmatrix}\begin{pmatrix} 1 & -2 \\ -3 & 5 \end{pmatrix}$.

(2) $\begin{pmatrix} 1 & 0 & 1 \\ 2 & 1 & 3 \end{pmatrix}\begin{pmatrix} 6 & 2 & 1 \\ 0 & 2 & 0 \\ 3 & -5 & 4 \end{pmatrix}$.

(3) $\begin{pmatrix} 1 & 3 & 4 \\ 3 & -2 & 1 \\ 0 & 7 & 5 \end{pmatrix}\begin{pmatrix} 5 \\ 3 \\ 1 \end{pmatrix}$.

(4) $(a_1 \quad a_2 \quad a_3)\begin{pmatrix} a_1 \\ a_2 \\ a_3 \end{pmatrix}$.

(5) $(x \quad y \quad z)\begin{pmatrix} 1 & 0 & 1 \\ 0 & 2 & 4 \\ 1 & 4 & 1 \end{pmatrix}\begin{pmatrix} x \\ y \\ z \end{pmatrix}$.

4. 计算:

(1) $\begin{pmatrix} 3 & 2 \\ -4 & -2 \end{pmatrix}^4$.

(2) $\begin{pmatrix} 1 & 1 \\ 0 & 0 \end{pmatrix}^n$.

(3) $\begin{pmatrix} \lambda_1 & 0 & 0 \\ 0 & \lambda_2 & 0 \\ 0 & 0 & \lambda_3 \end{pmatrix}^n$.

(4) $\begin{pmatrix} 0 & 1 & 0 \\ 0 & 0 & 1 \\ 0 & 0 & 0 \end{pmatrix}^3$.

5. 设 $f(x)=ax^2+bx+c$，$\boldsymbol{A}$ 为 n 阶方阵，$\boldsymbol{E}$ 为 n 阶单位阵，称 $f(\boldsymbol{A})=a\boldsymbol{A}^2+b\boldsymbol{A}+c\boldsymbol{E}$ 为关于 $\boldsymbol{A}$ 的矩阵多项式.

(1) 若 $f(x)=x^2+2x+1$，$\boldsymbol{A}=\begin{pmatrix}3&1&1\\1&3&1\\1&1&3\end{pmatrix}$，求 $f(\boldsymbol{A})$.

(2) 若 $f(x)=x^3+2x^2-3x-4$，$\boldsymbol{A}=\begin{pmatrix}1&0&1\\0&0&0\\1&0&1\end{pmatrix}$，求 $f(\boldsymbol{A})$.

6. 设 $\boldsymbol{A}$、$\boldsymbol{B}$ 均为 n 阶方阵，且 $\boldsymbol{A}=\frac{1}{2}(\boldsymbol{B}+\boldsymbol{E})$，证明：$\boldsymbol{A}^2=\boldsymbol{A}$ 当且仅当 $\boldsymbol{B}^2=\boldsymbol{E}$.

7. 设 $\boldsymbol{A}$、$\boldsymbol{B}$ 均为 n 阶对称阵，且 $\boldsymbol{AB}=\boldsymbol{BA}$，证明：$\boldsymbol{AB}$ 为对称阵.

8. 设 $\boldsymbol{A}$ 为 n 阶对称阵，且满足 $\boldsymbol{A}^2-\boldsymbol{A}+\boldsymbol{E}=\boldsymbol{O}$，证明：$\boldsymbol{A}$ 是可逆矩阵.

9. 设 $\boldsymbol{A}$ 是 3 阶方阵，$\boldsymbol{A}^*$ 为 $\boldsymbol{A}$ 的伴随矩阵，若 $|\boldsymbol{A}|=-\frac{1}{2}$，求 $|(3\boldsymbol{A})^{-1}-2\boldsymbol{A}^*|$ 的值.

10. 设 $\boldsymbol{A}^{-1}=\begin{pmatrix}1&1&1\\1&2&1\\1&1&3\end{pmatrix}$，$\boldsymbol{A}^*$ 为 $\boldsymbol{A}$ 的伴随矩阵，求 $(\boldsymbol{A}^*)^{-1}$ 的值.

11. 判断下列矩阵是否可逆，如可逆，求其逆矩阵.

(1) $\begin{pmatrix}1&2\\2&5\end{pmatrix}$.　　(2) $\begin{pmatrix}1&2&2\\1&1&1\\3&1&-1\end{pmatrix}$.

(3) $\begin{pmatrix}0&2&1\\1&-1&1\\3&-1&2\end{pmatrix}$.　　(4) $\begin{pmatrix}2&5&1&0\\1&3&0&1\\0&0&2&1\\0&0&1&1\end{pmatrix}$.

12. 解下列矩阵方程，求出未知矩阵 $\boldsymbol{x}$.

(1) $\begin{pmatrix}3&4\\4&5\end{pmatrix}\boldsymbol{x}=\begin{pmatrix}4&-6\\-1&3\end{pmatrix}$.　　(2) $\begin{pmatrix}2&1&-1\\2&1&0\\1&-1&1\end{pmatrix}\boldsymbol{x}=\begin{pmatrix}2&3\\1&2\\4&-1\end{pmatrix}$.

(3) $\begin{pmatrix}1&3&4\\2&1&1\\2&4&5\end{pmatrix}\boldsymbol{x}\begin{pmatrix}3&-1\\-5&2\end{pmatrix}=\begin{pmatrix}-2&1\\-13&6\\-6&3\end{pmatrix}$.

13. 证明：如果 $\boldsymbol{A}^2=\boldsymbol{A}$，但 $\boldsymbol{A}\neq\boldsymbol{E}$，则 $\boldsymbol{A}$ 必为奇异方阵.

14. 设 $\boldsymbol{A}$ 为 n 阶方阵，若满足 $\boldsymbol{A}^2+2\boldsymbol{A}-6\boldsymbol{E}=0$，证明：$\boldsymbol{A}+4\boldsymbol{E}$ 可逆并求

$(\boldsymbol{A}+4\boldsymbol{E})^{-1}$.

15. 按指定分块的方法，用分块矩阵乘法求下列矩阵的乘积：

(1) $\left(\begin{array}{cc:c} 1 & -2 & 0 \\ -1 & 1 & 1 \\ \hdashline 0 & 3 & 2 \end{array}\right)\left(\begin{array}{c:c} 0 & 1 \\ 1 & 0 \\ \hdashline 0 & -1 \end{array}\right)$.　　(2) $\left(\begin{array}{ccc} 2 & 1 & -1 \\ \hdashline 3 & 0 & -2 \\ \hdashline 1 & -1 & 1 \end{array}\right)\left(\begin{array}{c:c:c} 1 & 1 & 0 \\ 0 & 0 & -1 \\ -1 & 2 & 1 \end{array}\right)$.

16. 利用初等行变换，将 A 变成行阶梯形，进而变成行最简形.

(1) $\boldsymbol{A}=\begin{pmatrix} 1 & 2 & 3 & 4 \\ 1 & -2 & 4 & 1 \\ 2 & 0 & 7 & 5 \end{pmatrix}$.　　(2) $\boldsymbol{A}=\begin{pmatrix} 0 & 4 & 2 \\ 2 & 1 & 0 \\ 1 & 1 & 2 \\ 3 & 7 & 1 \end{pmatrix}$.

17. 求 $\boldsymbol{A}=\begin{pmatrix} 2 & -1 & 4 & -1 \\ 4 & -2 & 5 & 4 \\ 2 & -1 & 3 & 1 \end{pmatrix}$ 的标准形 $\boldsymbol{S}$.

18. 用初等变换的方法求下列矩阵的逆矩阵.

(1) $\begin{pmatrix} 3 & 1 & -1 \\ 1 & 1 & 1 \\ 1 & 2 & 2 \end{pmatrix}$.　(2) $\begin{pmatrix} 1 & 1 & 1 & -1 \\ 1 & 1 & -1 & -1 \\ 1 & -1 & 1 & -1 \\ 1 & -1 & -1 & 1 \end{pmatrix}$.　(3) $\begin{pmatrix} & & & a_1 \\ & & a_2 & \\ & \iddots & & \\ a_n & & & \end{pmatrix}$.

19. 设 $\boldsymbol{A}$ 为 n 阶矩阵，当 $\boldsymbol{A}=-\boldsymbol{A}^{\mathrm{T}}$，称 $\boldsymbol{A}$ 为反对称阵. 证明：任意 n 阶矩阵总可以写成一个对称矩阵与一个反对称矩阵之和.

20. 对某市场正在销售的一种产品进行市场调查，分析该商品顾客购买的百分比. 设 $\boldsymbol{t}^{(0)}=(t_1, t_2)^{\mathrm{T}}$ 表示初始状态向量，其中 t_1 和 t_2 分别表示在初始时刻顾客购买和不购买该产品的百分比. 经调查知，$\boldsymbol{t}^{(0)}=(0.7, 0.3)^{\mathrm{T}}$；在原来购买该产品的顾客中，下年准备继续购买的占 60%，而不继续购买的占 40%；在原来未购买该产品的顾客中，下年准备购买的占 25%，仍不打算购买的占 75%.

(1) 试写出状态转移矩阵.

(2) 试预测未来 3 年顾客变动情况，并对市场趋势做出分析.

第 3 章　线性方程组

线性方程组是线性代数的核心，它在很多领域都有着广泛的应用，许多经济模型都是利用线性方程组来建立的. 在第 1 章和第 2 章，分别介绍了用克莱姆法则和求逆矩阵来解线性方程组的方法. 本章将以向量和矩阵为工具，进一步深入系统讨论一般线性方程组的求解问题.

对于一般线性方程组，我们需要解决以下三个问题：

(1) 一个线性方程组有没有解？在什么条件下有解？

(2) 若一个线性方程组有解，是仅有唯一解还是无穷多个解，即线性方程组解的判定问题.

(3) 若一个线性方程组有无穷多个解，则如何用有限个解将该方程组的全部解表示出来，即线性方程组解的结构问题.

对于以上 3 个问题，我们是利用向量这一工具来解决的. 下面，我们首先来介绍向量和向量组的有关知识.

3.1　向量的线性相关性和矩阵的秩

3.1.1　n 维向量及其运算

定义 3.1　(n 维向量) 由 n 个数 $a_1, a_2, \cdots, a_n$ 构成的有序数组称为 n 维向量，记作

$$\boldsymbol{\alpha}=(a_1, a_2, \cdots, a_n), \tag{3.1}$$

或

$$\boldsymbol{\alpha}=\begin{pmatrix} a_1 \\ a_2 \\ \vdots \\ a_n \end{pmatrix}. \tag{3.2}$$

其中 $\boldsymbol{a}_i$ 称为向量 $\boldsymbol{\alpha}$ 的第 i 个分量.

向量写作式(3.1)的形式，称为行向量；向量写作式(3.2)的形式，称为列向量. 列向量也可记作

$$\boldsymbol{\alpha}=(a_1, a_2, \cdots, a_n)^{\mathrm{T}}. \tag{3.3}$$

例如，$\boldsymbol{\alpha}=(2, 1, 3, 7, 8)^{\mathrm{T}}$ 是一个五维列向量，$\boldsymbol{\beta}=(3, 0, 0)$ 是一个三维行向量.

零向量：所有分量都为零的向量称为零向量，记作 $0=(0, 0, \cdots, 0)^{\mathrm{T}}$.

定义 3.2　（向量的运算） 设有两个 n 维向量 $\boldsymbol{a}_i=\boldsymbol{b}_i(i=1, 2, \cdots, n)$ 和一个数 $k\in\mathbf{R}$，定义：

(1) $\boldsymbol{\alpha}=\boldsymbol{\beta}$，当且仅当 $\boldsymbol{a}_i=\boldsymbol{b}_i(i=1, 2, \cdots, n)$（两个向量相等）.

(2) $\boldsymbol{\alpha}+\boldsymbol{\beta}=(a_1+b_1, a_2+b_2, \cdots, a_n+b_n)^{\mathrm{T}}$（向量的和）.

(3) $k\boldsymbol{\alpha}=(ka_1, ka_2, \cdots, ka_n)^{\mathrm{T}}$（向量的数乘）.

(4) $-\boldsymbol{\alpha}=(-1)\boldsymbol{\alpha}=(-a_1, -a_2, \cdots, -a_n)^{\mathrm{T}}$（向量 $\boldsymbol{\alpha}$ 的负向量）.

(5) $\boldsymbol{\alpha}-\boldsymbol{\beta}=\boldsymbol{\alpha}+(-1)\boldsymbol{\beta}$（向量的减法）.

向量的加法和数乘运算称为向量的线性运算.

对任意 n 维向量 $\boldsymbol{\alpha}, \boldsymbol{\beta}, \boldsymbol{\gamma}$，任意实数 k 和 l，用定义容易验证它们满足下列运算规则：

(1) $\boldsymbol{\alpha}+\boldsymbol{\beta}=\boldsymbol{\beta}+\boldsymbol{\alpha}$（加法交换律）.

(2) $(\boldsymbol{\alpha}+\boldsymbol{\beta})+\boldsymbol{\gamma}=\boldsymbol{\alpha}+(\boldsymbol{\beta}+\boldsymbol{\gamma})$（加法结合律）.

(3) 对任一个向量 $\boldsymbol{\alpha}$，有 $\boldsymbol{\alpha}+0=\boldsymbol{\alpha}$.

(4) 对任一个向量 $\boldsymbol{\alpha}$，存在负向量 $-\boldsymbol{\alpha}$，使 $\boldsymbol{\alpha}+(-\boldsymbol{\alpha})=0$.

(5) $1\cdot\boldsymbol{\alpha}=\boldsymbol{\alpha}$.

(6) $k(l\boldsymbol{\alpha})=(kl)\boldsymbol{\alpha}$（数乘结合律）.

(7) $k(\boldsymbol{\alpha}+\boldsymbol{\beta})=k\boldsymbol{\alpha}+k\boldsymbol{\beta}$（数乘分配律）.

(8) $(k+l)\boldsymbol{\alpha}=k\boldsymbol{\alpha}+l\boldsymbol{\alpha}$（数乘分配律）.

例 3.1　设 $\boldsymbol{\alpha}=(-1, 4, 0, -3)^{\mathrm{T}}$，$\boldsymbol{\beta}=(-5, 6, -4, 1)^{\mathrm{T}}$，求向量 $\boldsymbol{x}$，使 $3\boldsymbol{\alpha}-2\boldsymbol{x}=\boldsymbol{\beta}$.

解　由 $3\boldsymbol{\alpha}-2\boldsymbol{x}=\boldsymbol{\beta}$ 得 $3\boldsymbol{\alpha}-\boldsymbol{\beta}=2\boldsymbol{x}$，而

$$\begin{aligned}3\boldsymbol{\alpha}-\boldsymbol{\beta}&=3(-1, 4, 0, -3)^{\mathrm{T}}-(-5, 6, -4, 1)^{\mathrm{T}}\\&=(-3, 12, 0, -9)^{\mathrm{T}}-(-5, 6, -4, 1)^{\mathrm{T}}\\&=(2, 6, 4, -10)^{\mathrm{T}}.\end{aligned}$$

所以

$$\boldsymbol{x}=\frac{1}{2}(3\boldsymbol{\alpha}-\boldsymbol{\beta})=\frac{1}{2}(2, 6, 4, -10)^{\mathrm{T}}=(1, 3, 2, -5)^{\mathrm{T}}.$$

3.1.2　向量组的线性相关性

若干个同维数的列向量(或同维数的行向量)所组成的集合称为向量组.

一个 $m\times n$ 矩阵 $\boldsymbol{A}=(a_{ij})$ 有 n 个 m 维列向量

$$\boldsymbol{\alpha}_j=\begin{pmatrix}a_{1j}\\a_{2j}\\\vdots\\a_{mj}\end{pmatrix}, (j=1, 2, \cdots, n).$$

它们组成的向量组 $\boldsymbol{a}_1, \boldsymbol{a}_2, \cdots, \boldsymbol{a}_n$ 称为矩阵 $\boldsymbol{A}$ 的列向量组.

一个 $m \times n$ 矩阵 $\boldsymbol{A}=(a_{ij})$ 又有 m 个 n 维行向量:

$$\boldsymbol{\alpha}_i^{\mathrm{T}}=(a_{i1}, a_{i2}, \cdots, a_{in}), (i=1, 2, \cdots, m).$$

它们组成的向量组 $\boldsymbol{\alpha}_1^{\mathrm{T}}, \boldsymbol{\alpha}_2^{\mathrm{T}}, \cdots, \boldsymbol{\alpha}_m^{\mathrm{T}}$ 称为矩阵 $\boldsymbol{A}$ 的行向量组.

反之,由有限个向量所组成的向量组可以构成一个矩阵.

m 个 n 维列向量组成的向量组 $\boldsymbol{a}_1, \boldsymbol{a}_2, \cdots, \boldsymbol{a}_m$ 构成一个 $n \times m$ 矩阵

$$\boldsymbol{A}=(a_1, a_2, \cdots, a_m).$$

m 个 n 维行向量组成的向量组 $\boldsymbol{\alpha}_1^{\mathrm{T}}, \boldsymbol{\alpha}_2^{\mathrm{T}}, \cdots, \boldsymbol{\alpha}_m^{\mathrm{T}}$ 构成一个 $m \times n$ 矩阵

$$\boldsymbol{A}=\begin{pmatrix} \boldsymbol{\alpha}_1^{\mathrm{T}} \\ \boldsymbol{\alpha}_2^{\mathrm{T}} \\ \vdots \\ \boldsymbol{\alpha}_m^{\mathrm{T}} \end{pmatrix}.$$

定义 3.3 (线性组合) 设向量组 $\boldsymbol{A}$: $\boldsymbol{a}_1, \boldsymbol{a}_2, \cdots, \boldsymbol{a}_s$, 对于任何一组实数 $k_1, k_2, \cdots, k_s$, 称向量

$$k_1\boldsymbol{a}_1+k_2\boldsymbol{a}_2+\cdots+k_s\boldsymbol{a}_s$$

为向量组 $\boldsymbol{A}$ 的一个线性组合, $k_1, k_2, \cdots, k_s$ 称为这个线性组合的系数.

定义 3.4 (线性表示) 给定向量组 $\boldsymbol{A}$: $\boldsymbol{a}_1, \boldsymbol{a}_2, \cdots, \boldsymbol{a}_s$ 和向量 $\boldsymbol{b}$, 如果存在一组实数 $k_1, k_2, \cdots, k_s$, 使得

$$\boldsymbol{b}=k_1\boldsymbol{a}_1+k_2\boldsymbol{a}_2+\cdots+k_s\boldsymbol{a}_s,$$

则称向量 $\boldsymbol{b}$ 是向量组 $\boldsymbol{A}$ 的一个线性组合,也称向量 $\boldsymbol{b}$ 可由向量组 $\boldsymbol{A}$ 线性表示.

例如,设三维向量 $\boldsymbol{\alpha}_1=(1, 2, 1)^{\mathrm{T}}$, $\boldsymbol{\alpha}_2=(0, -1, 1)^{\mathrm{T}}$, $\boldsymbol{\alpha}_3=(2, -2, 3)^{\mathrm{T}}$, $\boldsymbol{\beta}=(4, 3, 4)^{\mathrm{T}}$, 容易看到 $\boldsymbol{\beta}=2\boldsymbol{\alpha}_1-\boldsymbol{\alpha}_2+\boldsymbol{\alpha}_3$, 因此向量 $\boldsymbol{\beta}$ 是向量组 $\boldsymbol{\alpha}_1, \boldsymbol{\alpha}_2, \cdots, \boldsymbol{\alpha}_s$ 的线性组合.

零向量可以由任意向量组 $\boldsymbol{\alpha}_1, \boldsymbol{\alpha}_2, \cdots, \boldsymbol{\alpha}_m$ 线性表示,这是因为 $0=0\boldsymbol{\alpha}_1+0\boldsymbol{\alpha}_2+\cdots+0\boldsymbol{\alpha}_s$.

例 3.2 在 n 维向量空间 R^n 中,向量组

$$\boldsymbol{e}_1=(1, 0, \cdots, 0)^{\mathrm{T}}, \boldsymbol{e}_2=(0, 1, \cdots, 0)^{\mathrm{T}}, \cdots, \boldsymbol{e}_n=(0, 0, \cdots, 1)^{\mathrm{T}}$$

称为 n 维基本单位向量组. 证明:任何一个 n 维向量 $\boldsymbol{a}=(a_1, a_2, \cdots, a_n)^{\mathrm{T}}$ 均可由基本单位向量组 $\boldsymbol{e}_1, \boldsymbol{e}_2, \cdots, \boldsymbol{e}_n$ 线性表示,即 $\boldsymbol{a}=\boldsymbol{a}_1\boldsymbol{e}_1+\boldsymbol{a}_2\boldsymbol{e}_2+\cdots+\boldsymbol{a}_n\boldsymbol{e}_n$.

证明 由向量的运算规则可得

$$\begin{aligned}\boldsymbol{a}_1\boldsymbol{e}_1+\boldsymbol{a}_2\boldsymbol{e}_2+\cdots+\boldsymbol{a}_n\boldsymbol{e}_n &=\boldsymbol{a}_1(1, 0, \cdots, 0)^{\mathrm{T}}+\boldsymbol{a}_2(0, 1, \cdots, 0)^{\mathrm{T}}+\cdots+\boldsymbol{a}_n(0, \cdots, 1)^{\mathrm{T}} \\ &=(a_1, 0, \cdots, 0)^{\mathrm{T}}+(0, a_2, \cdots, 0)^{\mathrm{T}}+\cdots+(0, 0, \cdots, a_n)^{\mathrm{T}} \\ &=(a_1, a_2, \cdots, a_n)^{\mathrm{T}}=\boldsymbol{a}.\end{aligned}$$

一个向量是否可以由一组向量线性表示，这可以通过线性方程组的形式描述. 设

$$\boldsymbol{a}_j=\begin{pmatrix}a_{1j}\\a_{2j}\\\vdots\\a_{mj}\end{pmatrix}\ (j=1,\ 2,\ \cdots,\ n),\ \boldsymbol{b}=\begin{pmatrix}b_1\\b_2\\\vdots\\b_m\end{pmatrix}.$$

则线性方程组

$$\begin{cases}a_{11}x_1+a_{12}x_2+\cdots+a_{1n}x_n=b_1,\\a_{21}x_1+a_{22}x_2+\cdots+a_{2n}x_n=b_2,\\\qquad\cdots\cdots\\a_{n1}x_1+a_{n2}x_2+\cdots+a_{nn}x_n=b_n,\end{cases}\tag{3.4}$$

可以表示为如下向量形式：

$$x_1\boldsymbol{a}_1+x_2\boldsymbol{a}_2+\cdots+x_n\boldsymbol{a}_n=b.\tag{3.5}$$

如果线性方程组(3.4)有解，设 $\begin{cases}x_1=k_1,\\x_2=k_2,\\\cdots\cdots\\x_n=k_n,\end{cases}$ 是方程组的一个解，则有

$$k_1\boldsymbol{a}_1+k_2\boldsymbol{a}_2+\cdots+k_n\boldsymbol{a}_n=b.$$

即常数项列向量 $\boldsymbol{b}$ 可由系数矩阵 $\boldsymbol{A}$ 的列向量组 $\boldsymbol{a}_1,\ \boldsymbol{a}_2,\ \cdots,\ \boldsymbol{a}_n$ 线性表示.

反之，如果一个向量 $\boldsymbol{b}$ 可由一个向量组 $\boldsymbol{a}_1,\ \boldsymbol{a}_2,\ \cdots,\ \boldsymbol{a}_n$ 线性表示，即存在一组数 $k_1,\ k_2,\ \cdots,\ k_n$ 使得

$$k_1\boldsymbol{a}_1+k_2\boldsymbol{a}_2+\cdots+k_n\boldsymbol{a}_n=\boldsymbol{b}.$$

则 $k_1,\ k_2,\ \cdots,\ k_n$ 就是线性方程组(3.4)的解. 因此线性方程组是否有解的问题就归结为其常数列向量 $\boldsymbol{b}$ 是否可由系数矩阵 $\boldsymbol{A}$ 的列向量组 $\boldsymbol{a}_1,\ \boldsymbol{a}_2,\ \cdots,\ \boldsymbol{a}_n$ 线性表示的问题. 由此可以得到下面的定理.

定理 3.1　设向量 $\boldsymbol{b}=\begin{pmatrix}b_1\\b_2\\\vdots\\b_m\end{pmatrix}$，向量 $\boldsymbol{a}_j=\begin{pmatrix}a_{1j}\\a_{2j}\\\vdots\\a_{mj}\end{pmatrix}\ (j=1,\ 2,\ \cdots,\ n)$，则向量 $\boldsymbol{b}$ 可由向量组 $\boldsymbol{a}_1,\ \boldsymbol{a}_2,\ \cdots,\ \boldsymbol{a}_n$ 线性表示的充分必要条件是线性方程组 $x_1\boldsymbol{a}_1+x_2\boldsymbol{a}_2+\cdots+x_n\boldsymbol{a}_n=\boldsymbol{b}$ 有解.

例 3.3　设 $\boldsymbol{a}_1=(1,\ 1,\ 0)^{\mathrm{T}}$，$\boldsymbol{a}_2=(1,\ 3,\ -1)^{\mathrm{T}}$，$\boldsymbol{a}_3=(5,\ 3,\ t)^{\mathrm{T}}$，$\boldsymbol{b}=(2,\ 6,\ -1)^{\mathrm{T}}$，问 t 为何值时，$\boldsymbol{b}$ 可以由向量组 $\boldsymbol{a}_1,\ \boldsymbol{a}_2,\ \boldsymbol{a}_3$ 线性表示?

解　设 $\boldsymbol{b}=k_1\boldsymbol{a}_1+k_2\boldsymbol{a}_2+k_3\boldsymbol{a}_3$，则

$$\begin{cases} k_1 + k_2 + 5k_3 = 2, \\ k_1 + 3k_2 + 3k_3 = 6, \\ \quad - k_2 + tk_3 = -1. \end{cases}$$

方程组的系数行列式为

$$\begin{vmatrix} 1 & 1 & 5 \\ 1 & 3 & 3 \\ 0 & -1 & t \end{vmatrix} = 2(t-1).$$

当 $t \neq 1$ 时,由克莱姆法则得方程组有唯一解,即 $\boldsymbol{b}$ 可以由向量组 $\boldsymbol{a}_1$, $\boldsymbol{a}_2$, $\boldsymbol{a}_3$ 线性表示,且表示法唯一.

当 $t=1$ 时,第二个方程减去第一个方程得 $2k_2-2k_3=4$,即 $k_2-k_3=2$,这与第三个方程 $-k_2+k_3=-1$ 矛盾. 所以方程组无解,即 $\boldsymbol{b}$ 不可以由向量组 $\boldsymbol{a}_1$, $\boldsymbol{a}_2$, $\boldsymbol{a}_3$ 线性表示.

定义 3.5 (向量组线性相关) 给定向量组 $\boldsymbol{A}$: $\boldsymbol{a}_1$, $\boldsymbol{a}_2$, …, $\boldsymbol{a}_s$, 如果存在一组不全为零的数 k_1, k_2, …, k_s, 使得

$$k_1\boldsymbol{a}_1 + k_2\boldsymbol{a}_2 + \cdots + k_s\boldsymbol{a}_s = 0. \tag{3.6}$$

则称向量组 $\boldsymbol{A}$ 线性相关. 否则,称向量组 $\boldsymbol{A}$ 线性无关.

从定义 3.5 可以看到,所谓向量组 $\boldsymbol{A}$ 线性无关是: 没有不全为 0 的数 k_1, k_2, …, k_s, 使得

$$k_1\boldsymbol{a}_1 + k_2\boldsymbol{a}_2 + \cdots + k_s\boldsymbol{a}_s = 0.$$

这就是说,如果使得

$$k_1\boldsymbol{a}_1 + k_2\boldsymbol{a}_2 + \cdots + k_s\boldsymbol{a}_s = 0$$

成立,数 k_1, k_2, …, k_s 必须全为零,即 $k_1=k_2=\cdots=k_s=0$, 则 a_1, a_2, …, a_s 线性无关. 向量组 A: $\boldsymbol{a}_1$, $\boldsymbol{a}_2$, …, $\boldsymbol{a}_s$, 线性无关当且仅当对每一组不全为零的数 k_1, k_2, …, k_s, 都使式(3.6)不成立,也即当且仅当式(3.6)成立时一定有 $k_1=k_2=\cdots=k_s=0$. 换言之,如果只有当 $k_1=k_2=\cdots=k_s=0$ 时,式(3.6)才能成立,则称向量组 $\boldsymbol{A}$ 线性无关.

例 3.4 对于 R^4 中的 5 个向量

$$\boldsymbol{a}_1 = \begin{pmatrix} 1 \\ 0 \\ 0 \\ 0 \end{pmatrix}, \boldsymbol{a}_2 = \begin{pmatrix} 0 \\ 1 \\ 0 \\ 0 \end{pmatrix}, \boldsymbol{a}_3 = \begin{pmatrix} 0 \\ 0 \\ 1 \\ 0 \end{pmatrix}, \boldsymbol{a}_4 = \begin{pmatrix} 0 \\ 0 \\ 0 \\ 1 \end{pmatrix}, \boldsymbol{a}_5 = \begin{pmatrix} 1 \\ 3 \\ -4 \\ 1 \end{pmatrix}.$$

显然,$\boldsymbol{a}_5$ 可用 $\boldsymbol{a}_1$, $\boldsymbol{a}_2$, $\boldsymbol{a}_3$, $\boldsymbol{a}_4$ 线性表示:

$$\boldsymbol{a}_5 = \boldsymbol{a}_1 + 3\boldsymbol{a}_2 - 4\boldsymbol{a}_3 + \boldsymbol{a}_4,$$

即

$$\boldsymbol{a}_1 + 3\boldsymbol{a}_2 - 4\boldsymbol{a}_3 + \boldsymbol{a}_4 - \boldsymbol{a}_5 = 0.$$

其中,系数 1, 3, -4, 1, -1 不全为零,因而 $\boldsymbol{a}_1$, $\boldsymbol{a}_2$, $\boldsymbol{a}_3$, $\boldsymbol{a}_4$, $\boldsymbol{a}_5$ 线性相关.

定理 3.2　在一组同维向量中,如果有一部分向量线性相关,则该向量组必线性相关.

证明　设向量组为 $\boldsymbol{a}_1$, $\boldsymbol{a}_2$, …, $\boldsymbol{a}_r$, $\boldsymbol{a}_{r+1}$, …, $\boldsymbol{a}_m$,其中一部分向量线性相关,不妨设前 r ($r<m$) 个向量 $\boldsymbol{a}_1$, $\boldsymbol{a}_2$, …, $\boldsymbol{a}_r$, 线性相关,则必存在不全为零的数 k_1, k_2, …, k_r,使

$$k_1\boldsymbol{a}_1+k_2\boldsymbol{a}_2+\cdots+k_r\boldsymbol{a}_r=0$$

成立.

取 $k_{r+1}=k_{r+2}=\cdots=k_m=0$, 从而有

$$k_1\boldsymbol{a}_1+k_2\boldsymbol{a}_2+\cdots+k_r\boldsymbol{a}_r+k_{r+1}\boldsymbol{a}_{r+1}+\cdots+k_m\boldsymbol{a}_m=0.$$

由于 k_1, k_2, …, k_r, k_{r+1}, …, k_m 这 m 个数不全为零,所以 $\boldsymbol{a}_1$, $\boldsymbol{a}_2$, …, $\boldsymbol{a}_r$, $\boldsymbol{a}_{r+1}$, …, $\boldsymbol{a}_m$ 线性相关.

推论 3.1　含有零向量的向量组必线性相关.

证明　因为一个零向量线性相关,故由定理 3.2 得此推论.

定理 3.3　线性无关的向量组中的任一部分向量组必线性无关.

定理 3.4　n 维向量组 $\boldsymbol{a}_1$, $\boldsymbol{a}_2$, …, $\boldsymbol{a}_s$ ($s\geqslant 2$) 线性相关的充分必要条件是其中至少有一个向量可由其余的 $s-1$ 个向量线性表示.

证明　(充分性) 不妨设向量 $\boldsymbol{a}_i$ 可由其余 $s-1$ 个向量线性表示,即

$$\boldsymbol{a}_i=\lambda_1\boldsymbol{a}_1+\cdots+\lambda_{i-1}\boldsymbol{a}_{i-1}+\lambda_{i+1}\boldsymbol{a}_{i+1}+\cdots+\lambda_s\boldsymbol{a}_s.$$

于是

$$\lambda_1\boldsymbol{a}_1+\cdots+\lambda_{i-1}\boldsymbol{a}_{i-1}+(-1)\boldsymbol{a}_i+\lambda_{i+1}\boldsymbol{a}_{i+1}+\cdots+\lambda_s\boldsymbol{a}_s=0.$$

由于系数 λ_1, …, λ_{i-1}, (-1), λ_{i+1}, …, λ_s, 不全为零(至少 $\lambda_i=-1\neq 0$),所以向量组 $\boldsymbol{a}_1$, $\boldsymbol{a}_2$, …, $\boldsymbol{a}_s$ 线性相关.

(必要性) 设 $\boldsymbol{a}_1$, $\boldsymbol{a}_2$, …, $\boldsymbol{a}_s$, 线性相关,由定义知,存在一组不全为零的数 k_1, k_2, …, k_s, 使得

$$k_1\boldsymbol{a}_1+k_2\boldsymbol{a}_2+\cdots+k_s\boldsymbol{a}_s=0.$$

由于 k_1, k_2, …, k_s, 不全为零,不妨设 $k_i\neq 0$, 于是

$$\boldsymbol{a}_i=-\frac{k_1}{k_i}\boldsymbol{a}_1-\cdots-\frac{k_{i-1}}{k_i}\boldsymbol{a}_{i-1}-\frac{k_{i+1}}{k_i}\boldsymbol{a}_{i+1}-\cdots-\frac{k_s}{k_i}\boldsymbol{a}_s,$$

即 $\boldsymbol{a}_i$ 可由其余的 $s-1$ 个向量线性表示.

此定理表明:当向量个数 $s\geqslant 2$ 时,线性相关与线性表示是等价的.

推论 3.2　若向量组 $\boldsymbol{a}_1$, $\boldsymbol{a}_2$, …, $\boldsymbol{a}_s$ 线性无关,则该向量组中任一个向量均不可由其余向量线性表示.

此推论由反证法即可证得.

线性相关性是向量组的一个重要性质,下面介绍一些常用的性质结论.

性质 1 设 n 维向量 $\boldsymbol{a}_1, \boldsymbol{a}_2, \cdots, \boldsymbol{a}_s$，线性无关，而 $\boldsymbol{a}_1, \boldsymbol{a}_2, \cdots, \boldsymbol{a}_s, \boldsymbol{b}$ 线性相关，则 $\boldsymbol{b}$ 可由 $\boldsymbol{a}_1, \boldsymbol{a}_2, \cdots, \boldsymbol{a}_s$ 线性表出，且表示法唯一.

证明 由 $\boldsymbol{a}_1, \boldsymbol{a}_2, \cdots, \boldsymbol{a}_s, \boldsymbol{b}$ 线性相关知，存在一组不全为零的数 $k_1, k_2, \cdots, k_s, k_{s+1}$，使

$$k_1\boldsymbol{a}_1 + k_2\boldsymbol{a}_2 + \cdots + k_s\boldsymbol{a}_s + k_{s+1}\boldsymbol{b} = 0. \tag{3.7}$$

假如 $k_{s+1} = 0$，式(3.7)成为

$$k_1\boldsymbol{a}_1 + k_2\boldsymbol{a}_2 + \cdots + k_s\boldsymbol{a}_s = 0.$$

此时 $k_1, k_2, \cdots, k_s$，不全为零，得到 $k_1, k_2, \cdots, k_s$ 线性相关，这与题设矛盾. 因此 $k \neq 0$，于是有

$$\boldsymbol{b} = -\frac{k_1}{k_{s+1}}\boldsymbol{a}_1 - \frac{k_2}{k_{s+1}}\boldsymbol{a}_2 - \cdots - \frac{k_s}{k_{s+1}}\boldsymbol{a}_s.$$

再证唯一性. 设

$$\boldsymbol{b} = k_1\boldsymbol{a}_1 + k_2\boldsymbol{a}_2 + \cdots + k_s\boldsymbol{a}_s,\ \boldsymbol{b} = l_1\boldsymbol{a}_1 + l_2\boldsymbol{a}_2 + \cdots + l_s\boldsymbol{a}_s,$$

两式相减，可得

$$(k_1 - l_1)\boldsymbol{a}_1 + (k_2 - l_2)\boldsymbol{a}_2 + \cdots + (k_s - l_s)\boldsymbol{a}_s = 0.$$

因为 $\boldsymbol{a}_1, \boldsymbol{a}_2, \cdots, \boldsymbol{a}_s$ 线性无关，所以

$$k_1 - l_1 = 0,\ k_2 - l_2 = 0,\ \cdots,\ k_s - l_s = 0,$$

即 $k_1 = l_1, k_2 = l_2, \cdots, k_s = l_s$，故表示式唯一.

性质 2 设 $\boldsymbol{a}_j = \begin{pmatrix} a_{1j} \\ a_{2j} \\ \vdots \\ a_{rj} \end{pmatrix}$，$\boldsymbol{b}_j = \begin{pmatrix} a_{1j} \\ a_{2j} \\ \vdots \\ a_{rj} \\ a_{r+1,j} \end{pmatrix}$ $(j = 1, 2, \cdots, m)$，若向量组 $\boldsymbol{A}$：$\boldsymbol{a}_1, \boldsymbol{a}_2, \cdots, \boldsymbol{a}_m$ 线性无关，则向量组 $\boldsymbol{B}$：$\boldsymbol{b}_1, \boldsymbol{b}_2, \cdots, \boldsymbol{b}_m$ 也线性无关.

性质 3 $n+1$ 个 n 维向量必线性相关.

推论 3.3 若 $m > n$，则 m 个 n 维向量组成的向量组一定线性相关.

3.1.3 向量组的秩

定义 3.6 （向量组等价） 设有两个向量组 $\boldsymbol{A}$：$\boldsymbol{a}_1, \boldsymbol{a}_2, \cdots, \boldsymbol{a}_m$ 和 $\boldsymbol{B}$：$\boldsymbol{b}_1, \boldsymbol{b}_2, \cdots, \boldsymbol{b}_s$，若 $\boldsymbol{B}$ 中的每个向量都能由向量组 $\boldsymbol{A}$ 线性表示，则称向量组 $\boldsymbol{B}$ 能由向量组 $\boldsymbol{A}$ 线性表示. 若向量组 $\boldsymbol{A}$ 和向量组 $\boldsymbol{B}$ 能相互线性表示，则称这两个向量组等价.

把向量组 $\boldsymbol{A}$ 和向量组 $\boldsymbol{B}$ 所构成的矩阵依次记作 $\boldsymbol{A} = (\boldsymbol{a}_1, \boldsymbol{a}_2, \cdots, \boldsymbol{a}_m)$ 和 $\boldsymbol{B} =$

$(\boldsymbol{b}_1, \boldsymbol{b}_2, \cdots, \boldsymbol{b}_s)$. 向量组 $\boldsymbol{B}$ 能由向量组 $\boldsymbol{A}$ 线性表示，即对每个向量 $\boldsymbol{b}_j (j=1, 2, \cdots, s)$ 存在数 $k_{1j}, k_{2j}, \cdots, k_{mj}$，使

$$\boldsymbol{b}_j = k_{1j}\boldsymbol{a}_1 + k_{2j}\boldsymbol{a}_2 + \cdots + k_{mj}\boldsymbol{a}_m = (a_1, a_2, \cdots, a_m)\begin{pmatrix} k_{1j} \\ k_{2j} \\ \vdots \\ k_{mj} \end{pmatrix}.$$

从而有

$$(\boldsymbol{b}_1, \boldsymbol{b}_2, \cdots, \boldsymbol{b}_s) = (\boldsymbol{a}_1, \boldsymbol{a}_2, \cdots, \boldsymbol{a}_m)\begin{pmatrix} k_{11} & k_{12} & \cdots & k_{1s} \\ k_{21} & k_{22} & \cdots & k_{2s} \\ \vdots & \vdots & & \vdots \\ k_{m1} & k_{m2} & \cdots & k_{ms} \end{pmatrix}.$$

这里，矩阵 $\boldsymbol{K}_{m\times s} = (k_{ij})$ 称为这一线性表示的系数矩阵.

由此可知，若 $\boldsymbol{C}_{m\times n} = \boldsymbol{A}_{m\times s}\boldsymbol{B}_{s\times n}$，则矩阵 $\boldsymbol{C}$ 的列向量组能由矩阵 $\boldsymbol{A}$ 的列向量组线性表示，$\boldsymbol{B}$ 为这一线性表示的系数矩阵：

$$(\boldsymbol{c}_1, \boldsymbol{c}_2, \cdots, \boldsymbol{c}_n) = (\boldsymbol{a}_1, \boldsymbol{a}_2, \cdots, \boldsymbol{a}_s)\begin{pmatrix} b_{11} & b_{12} & \cdots & b_{1n} \\ b_{21} & b_{22} & \cdots & b_{2n} \\ \vdots & \vdots & & \vdots \\ b_{s1} & b_{s2} & \cdots & b_{sn} \end{pmatrix}.$$

向量组的等价关系具有以下性质：

(1) 反身性：每一个向量组与自身等价.

(2) 对称性：如果向量组 $\boldsymbol{A}$ 和向量组 $\boldsymbol{B}$ 等价，那么向量组 $\boldsymbol{B}$ 和向量组 $\boldsymbol{A}$ 也等价.

(3) 传递性：如果向量组 $\boldsymbol{A}$ 和向量组 $\boldsymbol{B}$ 等价，向量组 $\boldsymbol{B}$ 和向量组 $\boldsymbol{C}$ 等价，那么向量组 $\boldsymbol{A}$ 和向量组 $\boldsymbol{C}$ 等价.

定义 3.7　(极大无关组) 给定向量组 $\boldsymbol{A}$：$\boldsymbol{a}_1, \boldsymbol{a}_2, \cdots, \boldsymbol{a}_s$，如果

① 向量组 $\boldsymbol{A}$ 中存在 r 个线性无关的向量 $\boldsymbol{A}_0$：$a_{j1}, a_{j2}, \cdots, a_{jr}$；

② 向量组 $\boldsymbol{A}$ 中任意 $r+1$ 个向量(如果存在的话)都线性相关；

那么向量组 $\boldsymbol{A}_0$ 称为向量组 $\boldsymbol{A}$ 的一个极大线性无关向量组(简称极大无关组)，数 r 称为向量组 $\boldsymbol{A}$ 的秩，记作秩 $(\boldsymbol{a}_1, \boldsymbol{a}_2, \cdots, \boldsymbol{a}_s) = r$，或 $r(\boldsymbol{a}_1, \boldsymbol{a}_2, \cdots, \boldsymbol{a}_s) = r$.

由定义不难看出，若秩 $(\boldsymbol{a}_1, \boldsymbol{a}_2, \cdots, \boldsymbol{a}_s) = r$，则其中任意 r 个线性无关的向量都是它的一个极大无关组.

如果向量组 $\boldsymbol{A}$ 线性无关，那么 $\boldsymbol{A}$ 的极大无关组就是它自己，向量组 $\boldsymbol{A}$ 的秩就等于 $\boldsymbol{A}$ 中所含向量的个数. 反之，如果向量组 $\boldsymbol{A}$ 的秩等于 $\boldsymbol{A}$ 中所含向量的个数，那么向量组 $\boldsymbol{A}$ 必线性无关. 因此，**向量组线性无关的充要条件是它的秩等于它所含向量的个数.**

只含零向量的向量组没有极大线性无关组，规定它的秩为 0.

例 3.5　设有向量组 $\boldsymbol{A}$：$\boldsymbol{a}_1 = (1, 1, 1)^{\mathrm{T}}$，$\boldsymbol{a}_2 = (1, 3, 0)^{\mathrm{T}}$，$\boldsymbol{a}_3 = (2, 4, 1)^{\mathrm{T}}$，试求向

量组 $\boldsymbol{A}$ 的极大无关组.

解 因为向量 $\boldsymbol{a}_1$, $\boldsymbol{a}_2$ 的对应分量不成比例,所以向量 $\boldsymbol{a}_1$, $\boldsymbol{a}_2$ 线性无关. 又因为 $\boldsymbol{a}_3 = \boldsymbol{a}_1 + \boldsymbol{a}_2$ 可由 $\boldsymbol{a}_1$, $\boldsymbol{a}_2$ 线性表示,因而向量组 $\boldsymbol{a}_1$, $\boldsymbol{a}_2$, $\boldsymbol{a}_3$ 线性相关,所以 $\boldsymbol{a}_1$, $\boldsymbol{a}_2$ 是向量组 $\boldsymbol{A}$ 的极大无关组. 类似地讨论可得:$\boldsymbol{a}_2$, $\boldsymbol{a}_3$ 及 $\boldsymbol{a}_1$, $\boldsymbol{a}_3$ 也是向量组 A 的极大无关组.

这就说明给定一个向量组后,它的极大无关组可以不唯一.

例 3.6 n 维基本单位向量组 $\boldsymbol{e}_1$, $\boldsymbol{e}_2$, $\cdots$, $\boldsymbol{e}_n$ 是 $\mathbf{R}^n$ 的一个极大无关组.

解 因为向量组 $\boldsymbol{e}_1$, $\boldsymbol{e}_2$, $\cdots$, $\boldsymbol{e}_n$ 是线性无关的,而 $n+1$ 个 n 维向量必线性相关,故 $\boldsymbol{e}_1$, $\boldsymbol{e}_2$, $\cdots$, $\boldsymbol{e}_n$ 是 $\mathbf{R}^n$ 的一个极大无关组.

结合向量组等价的概念,即可证明向量组的极大无关组具有下述性质:

定理 3.5 向量组与它的极大无关组等价.

证明 不妨设向量组 $\boldsymbol{A}$ 与它的一个极大无关组 $\boldsymbol{A}_0$ 分别为

$$\boldsymbol{A}:\boldsymbol{a}_1,\ \boldsymbol{a}_2,\ \cdots,\ \boldsymbol{a}_r,\ \boldsymbol{a}_{r+1},\ \cdots,\ \boldsymbol{a}_m,\quad \boldsymbol{A}_0:\boldsymbol{a}_1,\ \boldsymbol{a}_2,\ \cdots,\ \boldsymbol{a}_r$$

(1) 因为对于 $\boldsymbol{A}_0$ 中任一向量 $\boldsymbol{a}_i (1 \leqslant i \leqslant r)$ 都有

$$\boldsymbol{a}_i = 0\boldsymbol{a}_1 + \cdots + 1\boldsymbol{a}_i + \cdots + 0\boldsymbol{a}_r + 0\boldsymbol{a}_{r+1} + \cdots + 0\boldsymbol{a}_m,$$

所以向量组 $\boldsymbol{A}_0$ 可由向量组 $\boldsymbol{A}$ 线性表示.

(2) 按定义,$\boldsymbol{A}$ 中任意 $r+1$ 个向量都线性相关. 因此在 $\boldsymbol{A}$ 中任取一向量 $\boldsymbol{a}_i$, $\boldsymbol{a}_1$, $\boldsymbol{a}_2$, $\cdots$, $\boldsymbol{a}_r$, $\boldsymbol{a}_i$, 这 $r+1$ 个向量线性相关,而 $\boldsymbol{a}_1$, $\boldsymbol{a}_2$, $\cdots$, $\boldsymbol{a}_r$ 线性无关,由性质 1 知道 $\boldsymbol{a}_i$ 能由 $\boldsymbol{a}_1$, $\boldsymbol{a}_2$, $\cdots$, $\boldsymbol{a}_r$ 线性表示. 因此,向量组 $\boldsymbol{A}$ 中的任一向量都能由向量组 $\boldsymbol{A}$ 线性表示,即向量组 $\boldsymbol{A}$ 能由向量组 $\boldsymbol{A}_0$ 线性表示.

综合(1)、(2)可知,向量组 $\boldsymbol{A}$ 与向量组 $\boldsymbol{A}_0$ 等价.

例 3.7 求向量组 $\boldsymbol{a}_1 = (1, -1, 0, 0)^{\mathrm{T}}$, $\boldsymbol{a}_2 = (-1, 2, 1, -1)^{\mathrm{T}}$, $\boldsymbol{a}_3 = (0, 1, 1, -1)^{\mathrm{T}}$, $\boldsymbol{a}_4 = (-1, 3, 2, 1)^{\mathrm{T}}$, $\boldsymbol{a}_5 = (-2, 6, 4, -1)^{\mathrm{T}}$ 的极大无关组,并将其余向量用极大无关组线性表示.

解 设 $\boldsymbol{A} = (\boldsymbol{a}_1, \boldsymbol{a}_2, \boldsymbol{a}_3, \boldsymbol{a}_4, \boldsymbol{a}_5) = \begin{pmatrix} 1 & -1 & 0 & -1 & -2 \\ -1 & 2 & 1 & 3 & 6 \\ 0 & 1 & 1 & 2 & 4 \\ 0 & -1 & -1 & 1 & -1 \end{pmatrix}$. 对 $\boldsymbol{A}$ 作初等行变换,将其化为行最简形矩阵,即

$$\boldsymbol{A} \xrightarrow{r_2 + r_1} \begin{pmatrix} 1 & -1 & 0 & -1 & -2 \\ 0 & 1 & 1 & 2 & 4 \\ 0 & 1 & 1 & 2 & 4 \\ 0 & -1 & -1 & 1 & -1 \end{pmatrix} \xrightarrow[r_3 \leftrightarrow r_4]{\substack{r_3 - r_2 \\ r_4 + r_2}} \begin{pmatrix} 1 & -1 & 0 & -1 & -2 \\ 0 & 1 & 1 & 2 & 4 \\ 0 & 0 & 0 & 3 & 3 \\ 0 & 0 & 0 & 0 & 0 \end{pmatrix}$$

$$\xrightarrow{r_3 \times \frac{1}{3}} \begin{pmatrix} 1 & -1 & 0 & -1 & -2 \\ 0 & 1 & 1 & 2 & 4 \\ 0 & 0 & 0 & 1 & 1 \\ 0 & 0 & 0 & 0 & 0 \end{pmatrix} \xrightarrow[r_1 + r_2]{\substack{r_2 - 2r_3 \\ r_1 + r_3}} \begin{pmatrix} 1 & 0 & 1 & 0 & 1 \\ 0 & 1 & 1 & 0 & 2 \\ 0 & 0 & 0 & 1 & 1 \\ 0 & 0 & 0 & 0 & 0 \end{pmatrix}$$

故 $r(\boldsymbol{A})=3$. 该行最简形矩阵每个非零行第一个非零元所在的列为第1,2,4列,所以,向量组的一个极大无关组为 $\boldsymbol{a}_1, \boldsymbol{a}_2, \boldsymbol{a}_4$,且由行最简形矩阵,有

$$\boldsymbol{a}_3=\boldsymbol{a}_1+\boldsymbol{a}_2,\ \boldsymbol{a}_5=\boldsymbol{a}_1+2\boldsymbol{a}_2+\boldsymbol{a}_4.$$

定理 3.6 设有两个向量组 $\boldsymbol{A}$: $\boldsymbol{a}_1, \boldsymbol{a}_2, \cdots, \boldsymbol{a}_m$, $\boldsymbol{B}$: $\boldsymbol{b}_1, \boldsymbol{b}_2, \cdots, \boldsymbol{b}_n$,如果向量组 $\boldsymbol{A}$ 能由向量组 $\boldsymbol{B}$ 线性表示,则 $r(\boldsymbol{a}_1, \boldsymbol{a}_2, \cdots, \boldsymbol{a}_m)\leqslant r(\boldsymbol{b}_1, \boldsymbol{b}_2, \cdots, \boldsymbol{b}_n)$.

证明 设 $\boldsymbol{A}$ 的极大无关组为 $\boldsymbol{A}_0$: $\boldsymbol{a}_1, \boldsymbol{a}_2, \cdots, \boldsymbol{a}_r$, $\boldsymbol{B}$ 的极大无关组为 $\boldsymbol{B}_0$: $\boldsymbol{b}_1, \boldsymbol{b}_2, \cdots, \boldsymbol{b}_s$,则 $r=r(\boldsymbol{a}_1, \boldsymbol{a}_2, \cdots, \boldsymbol{a}_m)$, $s=r(\boldsymbol{b}_1, \boldsymbol{b}_2, \cdots, \boldsymbol{b}_n)$. 要证 $r\leqslant s$.

(用反证法)倘若 $r(\boldsymbol{a}_1, \boldsymbol{a}_2, \cdots, \boldsymbol{a}_m)>r(\boldsymbol{b}_1, \boldsymbol{b}_2, \cdots, \boldsymbol{b}_n)$,即 $r>s$.

因为向量组 $\boldsymbol{A}$ 能由向量 $\boldsymbol{B}$ 组线性表示,$\boldsymbol{A}$ 与 $\boldsymbol{A}_0$ 等价,$\boldsymbol{B}$ 与 $\boldsymbol{B}_0$ 等价,故向量组 $\boldsymbol{A}_0$ 能由向量组 $\boldsymbol{B}_0$ 线性表示. 不妨设

$$\begin{cases}\boldsymbol{a}_1=k_{11}\boldsymbol{b}_1+k_{12}\boldsymbol{b}_2+\cdots+k_{1s}\boldsymbol{b}_s,\\ \boldsymbol{a}_2=k_{21}\boldsymbol{b}_1+k_{22}\boldsymbol{b}_2+\cdots+k_{2s}\boldsymbol{b}_s,\\ \qquad\cdots\cdots\\ \boldsymbol{a}_r=k_{r1}\boldsymbol{b}_1+k_{r2}\boldsymbol{b}_2+\cdots+k_{rs}\boldsymbol{b}_s.\end{cases}$$

用上述这 r 个线性表示式的系数组成 r 个 s 维向量: $\boldsymbol{c}_1=(k_{11}, k_{12}, \cdots, k_{1s})^{\mathrm{T}}$, $\boldsymbol{c}_2=(k_{21}, k_{22}, \cdots, k_{2s})^{\mathrm{T}}$, $\cdots$, $\boldsymbol{c}_r=(k_{r1}, k_{r2}, \cdots, k_{rs})^{\mathrm{T}}$. 因为 $r>s$,向量个数大于向量维数,所以 $\boldsymbol{c}_1, \boldsymbol{c}_2, \cdots, \boldsymbol{c}_r$ 线性相关. 故存在不全为零的数 $\lambda_1, \lambda_2, \cdots, \lambda_r$,使

$$\lambda_1\boldsymbol{c}_1+\lambda_2\boldsymbol{c}_2+\cdots+\lambda_r\boldsymbol{c}_r=0$$

成立,即

$$\begin{cases}\lambda_1k_{11}+\lambda_2k_{21}+\cdots+\lambda_rk_{r1}=0,\\ \lambda_1k_{12}+\lambda_2k_{22}+\cdots+\lambda_rk_{r2}=0,\\ \qquad\cdots\cdots\\ \lambda_1k_{1s}+\lambda_2k_{2s}+\cdots+\lambda_rk_{rs}=0.\end{cases}$$

由此得

$$\begin{aligned}\lambda_1\boldsymbol{a}_1+\lambda_2\boldsymbol{a}_2+\cdots+\lambda_r\boldsymbol{a}_r&=\lambda_1(k_{11}\boldsymbol{b}_1+k_{12}\boldsymbol{b}_2+\cdots+k_{1s}\boldsymbol{b}_s)+\lambda_2(k_{21}\boldsymbol{b}_1+k_{22}\boldsymbol{b}_2+\cdots+\\&\quad k_{2s}\boldsymbol{b}_s)+\cdots+\lambda_r(k_{r1}\boldsymbol{b}_1+k_{r2}\boldsymbol{b}_2+\cdots+k_{rs}\boldsymbol{b}_s)\\&=(\lambda_1k_{11}+\lambda_2k_{21}+\cdots+\lambda_rk_{r1})\boldsymbol{b}_1+(\lambda_1k_{12}+\lambda_2k_{22}+\cdots+\lambda_rk_{r2})\cdot\\&\quad\boldsymbol{b}_2+\cdots+(\lambda_1k_{1s}+\lambda_2k_{2s}+\cdots+\lambda_rk_{rs})\boldsymbol{b}_s\\&=0\boldsymbol{b}_1+0\boldsymbol{b}_2+\cdots+0\boldsymbol{b}_s=0.\end{aligned}$$

即存在不全为零的数 $\lambda_1, \lambda_2, \cdots, \lambda_r$,使 $\lambda_1\boldsymbol{a}_1+\lambda_2\boldsymbol{a}_2+\cdots+\lambda_r\boldsymbol{a}_r=0$,得 $\boldsymbol{a}_1, \boldsymbol{a}_2, \cdots, \boldsymbol{a}_r$ 线性相关,与 $\boldsymbol{a}_1, \boldsymbol{a}_2, \cdots, \boldsymbol{a}_r$ 线性无关矛盾. 所以 $r\leqslant s$,即 $r(\boldsymbol{a}_1, \boldsymbol{a}_2, \cdots, \boldsymbol{a}_m)\leqslant r(\boldsymbol{b}_1, \boldsymbol{b}_2, \cdots, \boldsymbol{b}_n)$.

推论 3.4 两个等价的向量组有相同的秩.

证明 设向量组 $\boldsymbol{A}$, $\boldsymbol{B}$ 的秩分别为 r, s. 因为向量组 $\boldsymbol{A}$ 与向量组 $\boldsymbol{B}$ 等价,所以向量组

$\boldsymbol{A}$ 能由向量组 $\boldsymbol{B}$ 线性表示,向量组 $\boldsymbol{B}$ 也能由向量组 $\boldsymbol{A}$ 线性表示,由定理 3.6,可同时有 $r \leqslant s$ 及 $s \leqslant r$,故 $r=s$.

注意:上述推论的逆命题不一定成立,即**秩相同的两个向量组并不一定等价**. 向量组同秩并不一定等价,但是矩阵同秩同阶一定等价.

3.1.4 矩阵的秩

上面讨论了向量组的秩,下面我们讨论矩阵的秩.

定义 3.8 (行秩、列秩) 矩阵 $\boldsymbol{A}=(a_{ij})_{m\times n}$ 的 m 个行向量组成的向量组的秩称为 $\boldsymbol{A}$ 的行秩. 矩阵 $\boldsymbol{A}$ 的 n 个列向量组成的向量组的秩称为 $\boldsymbol{A}$ 的列秩.

当 m 个行向量组成的行向量组线性无关时,$\boldsymbol{A}$ 的行秩 $=m$. 当 n 个列向量组成的列向量组线性无关时,$\boldsymbol{A}$ 的列秩 $=n$.

例 3.8 设矩阵

$$\boldsymbol{A}=\begin{pmatrix} 2 & -1 & 4 & -1 \\ 4 & -2 & 5 & 4 \\ 2 & -1 & 3 & 1 \end{pmatrix},$$

求 $\boldsymbol{A}$ 的行秩和列秩.

解 $\boldsymbol{A}$ 的行向量组为 $\boldsymbol{\alpha}_1=(2\ \ -1\ \ 3\ \ 1)$, $\boldsymbol{\alpha}_2=(4\ \ -2\ \ 5\ \ 4)$, $\boldsymbol{\alpha}_3=(2\ \ -1\ \ 3\ \ 1)$,其中 $\boldsymbol{\alpha}_1$, $\boldsymbol{\alpha}_2$ 线性无关,$\boldsymbol{\alpha}_3=\frac{1}{3}\boldsymbol{\alpha}_1+\frac{1}{3}\boldsymbol{\alpha}_2$,因此 $\boldsymbol{\alpha}_1$, $\boldsymbol{\alpha}_2$ 是 $\boldsymbol{A}$ 的行向量组 $\boldsymbol{\alpha}_1$, $\boldsymbol{\alpha}_2$, $\boldsymbol{\alpha}_3$ 的极大线性无关组,$\boldsymbol{A}$ 的行秩为 2.

同样,$\boldsymbol{A}$ 的列向量组为

$$\boldsymbol{\beta}_1=\begin{pmatrix} 2 \\ 4 \\ 2 \end{pmatrix}, \boldsymbol{\beta}_2=\begin{pmatrix} -1 \\ -2 \\ -1 \end{pmatrix}, \boldsymbol{\beta}_3=\begin{pmatrix} 4 \\ 5 \\ 3 \end{pmatrix}, \boldsymbol{\beta}_4=\begin{pmatrix} -1 \\ 4 \\ 1 \end{pmatrix}.$$

其中,$\boldsymbol{\beta}_1$, $\boldsymbol{\beta}_2$ 线性相关,$\boldsymbol{\beta}_2=-\frac{1}{2}\boldsymbol{\beta}_1$, $\boldsymbol{\beta}_4=\frac{7}{2}\boldsymbol{\beta}_1-2\boldsymbol{\beta}_3$,因此 $\boldsymbol{\beta}_1$, $\boldsymbol{\beta}_3$ 是 $\boldsymbol{A}$ 的列向量组 $\boldsymbol{\beta}_1$, $\boldsymbol{\beta}_2$, $\boldsymbol{\beta}_3$, $\boldsymbol{\beta}_4$ 的极大线性无关组,$\boldsymbol{A}$ 的列秩也为 2.

从例 3.8 中可以看出,矩阵 $\boldsymbol{A}$ 的行秩和列秩是相等的.

定理 3.7 矩阵的行秩等于列秩.

根据向量组的线性相关和线性无关,我们可以判断齐次线性方程组是否有非零解的问题.

定理 3.8 m 维向量组 $\boldsymbol{a}_j=\begin{pmatrix} a_{1j} \\ a_{2j} \\ \vdots \\ a_{mj} \end{pmatrix}$ $(j=1, 2, \cdots, n)$ 线性相关 $\Leftrightarrow$ 齐次线性方程组

$\boldsymbol{Ax}=0$ 有非零解 $\Leftrightarrow r(\boldsymbol{A})<n$，其中矩阵 $\boldsymbol{A}=(\boldsymbol{a}_1, \boldsymbol{a}_2, \cdots, \boldsymbol{a}_n)$.

证明 由定义向量组 $\boldsymbol{a}_1, \boldsymbol{a}_2, \cdots, \boldsymbol{a}_n$ 线性相关的充分必要条件是存在一组不全为零的数 $k_1, k_2, \cdots, k_n$，使得 $k_1\boldsymbol{a}_1+k_2\boldsymbol{a}_2+\cdots+k_n\boldsymbol{a}_n=0$. 即 0 可由向量组 $\boldsymbol{a}_1, \boldsymbol{a}_2, \cdots, \boldsymbol{a}_n$ 线性表示且系数不全为 0.

而 $k_1\boldsymbol{a}_1+k_2\boldsymbol{a}_2+\cdots+k_n\boldsymbol{a}_n=0$ 等价于 $(\boldsymbol{a}_1, \boldsymbol{a}_2, \cdots, \boldsymbol{a}_n)\begin{pmatrix}k_1\\k_2\\\vdots\\k_n\end{pmatrix}=0$，亦即 $\boldsymbol{x}=\begin{pmatrix}k_1\\k_2\\\vdots\\k_n\end{pmatrix}$，是齐次方程组 $\boldsymbol{Ax}=0$ 的非零解. 由定理 3.6 可得，向量组 $\boldsymbol{a}_j=\begin{pmatrix}a_{1j}\\a_{2j}\\\vdots\\a_{mj}\end{pmatrix}$ $(j=1, 2, \cdots, n)$ 线性相关$\Leftrightarrow$齐次线性方程组 $\boldsymbol{Ax}=0$ 有非零解 $\Leftrightarrow r(\boldsymbol{A})=n$，其中矩阵 $\boldsymbol{A}=(\boldsymbol{a}_1, \boldsymbol{a}_2, \cdots, \boldsymbol{a}_n)$.

推论 3.5 m 维向量组 $\boldsymbol{a}_j=\begin{pmatrix}a_{1j}\\a_{2j}\\\vdots\\a_{mj}\end{pmatrix}$ $(j=1, 2, \cdots, n)$ 线性无关$\Leftrightarrow$齐次线性方程组 $\boldsymbol{A}x=0$ 只有零解 $\Leftrightarrow r(\boldsymbol{A})=n$，其中矩阵 $\boldsymbol{A}=(\boldsymbol{a}_1, \boldsymbol{a}_2, \cdots, \boldsymbol{a}_n)$.

例 3.9 设向量组 $\boldsymbol{\alpha}_1, \boldsymbol{\alpha}_2, \boldsymbol{\alpha}_3$ 线性无关，$\boldsymbol{\beta}_1=\boldsymbol{\alpha}_1+\boldsymbol{\alpha}_2$，$\boldsymbol{\beta}_2=\boldsymbol{\alpha}_2+\boldsymbol{\alpha}_3$，$\boldsymbol{\beta}_3=\boldsymbol{\alpha}_3+\boldsymbol{\alpha}_1$，试证明向量组 $\boldsymbol{\beta}_1, \boldsymbol{\beta}_2, \boldsymbol{\beta}_3$ 线性无关.

证明 设数 k_1, k_2, k_3，使

$$k_1\boldsymbol{\beta}_1+k_2\boldsymbol{\beta}_2+k_3\boldsymbol{\beta}_3=0,$$

即

$$k_1(\boldsymbol{\alpha}_1+\boldsymbol{\alpha}_2)+k_2(\boldsymbol{\alpha}_2+\boldsymbol{\alpha}_3)+k_3(\boldsymbol{\alpha}_3+\boldsymbol{\alpha}_1)=0,$$

亦即

$$(k_1+k_3)\boldsymbol{\alpha}_1+(k_1+k_2)\boldsymbol{\alpha}_2+(k_2+k_3)\boldsymbol{\alpha}_3=0.$$

因为 $\boldsymbol{\alpha}_1, \boldsymbol{\alpha}_2, \boldsymbol{\alpha}_3$ 线性无关，所以 $\boldsymbol{\alpha}_1, \boldsymbol{\alpha}_2, \boldsymbol{\alpha}_3$ 的系数必为零. 故有

$$\begin{cases}k_1+k_3=0,\\k_1+k_2=0,\\k_2+k_3=0.\end{cases}$$

由于此方程组的系数行列式 $\begin{vmatrix}1&0&1\\1&1&0\\0&1&1\end{vmatrix}=2\neq 0$，故方程组只有零解 $k_1=k_2=k_3=0$，所以向量组 $\boldsymbol{\beta}_1, \boldsymbol{\beta}_2, \boldsymbol{\beta}_3$ 线性无关.

下面换个角度来讨论矩阵的秩,建立矩阵的秩与行列式之间的关系.

定义 3.9 (k 阶子式) 设矩阵 $A=(a_{ij})_{m\times n}$,从 A 中任取 k 行 k 列 $(k\leqslant \min(m, n))$,位于这些行列交叉处的 k^2 个元素,保持它们原来次序所构成 k 阶行列式,称为矩阵 A 的一个 k 阶子式.

如 $A=\begin{pmatrix}1&0&3&2\\-1&1&-2&0\\0&1&1&2\end{pmatrix}$ 中由第1、2行及第2、4列元素构成的2阶子式为 $\begin{vmatrix}0&2\\1&0\end{vmatrix}$,由1、2、3行及2、3、4列元素构成的三阶子式为 $\begin{vmatrix}0&3&2\\1&-2&0\end{vmatrix}$.

设 A 为一个 $m\times n$ 矩阵时,当 $A=0$,即 A 为零矩阵时,它的任何阶子式均为零;当 $A\neq 0$ 时,它至少有一个元素不为零,即它至少有一个一阶非零子式. 这时再考察它有没有二阶非零子式,若有,往下再考察三阶子式,依此类推,最后必有:A 中 r 阶子式不为零,而再没有比 r 阶更高的非零子式. 这个非零子式的最高阶数 r,反映了矩阵 A 内在的重要特征.

例 3.10 求 $A=\begin{pmatrix}1&0&3&2\\-1&1&-2&0\\0&1&1&2\end{pmatrix}$ 的非零子式的最高阶数 r.

解 由于 $A\neq 0$,故考察二阶子式. 由第1,2行及第1,2列构成的子式为

$$\begin{vmatrix}1&0\\-1&1\end{vmatrix}=1\neq 0.$$

因此可再考察三阶子式,我们列出该矩阵所有的三阶子式:

$$\begin{vmatrix}1&0&3\\-1&1&-2\\0&1&1\end{vmatrix}=0,\quad \begin{vmatrix}0&3&2\\1&-2&0\\1&1&2\end{vmatrix}=0,\quad \begin{vmatrix}1&3&2\\-1&-2&0\\0&1&2\end{vmatrix}=0,\quad \begin{vmatrix}1&0&2\\-1&1&0\\0&1&2\end{vmatrix}=0.$$

而矩阵 A 中没有比三阶更高的子式了(事实上,若所有的三阶子式均为零根本无须验证更高阶的子式),故此矩阵的最高阶非零子式的阶数为 $r=2$ 阶.

定理 3.9 设 $A=(a_{ij})_{m\times n}$,如果 A 中不为零的子式的最高阶数为 r,即存在一个 r 阶子式不为零,而任何的 $r+1$ 阶子式皆为零,则称 r 为矩阵 A 的秩,记作 $r(A)=r$. 并规定,当 $A=O$ 时,$r(O)=0$.

显然 A 的转置矩阵 A^{T} 的秩 $r(A^{\mathrm{T}})=r(A)$;$0\leqslant r\leqslant \min(m, n)$.

定义 3.10 (满秩矩阵) 若 $r(A)=\min(m, n)$ 时称矩阵 A 是满秩矩阵.

推论 3.6 若 A 为 n 阶可逆的方阵,则 A 是满秩矩阵,即 $r(A)=n$.

证明 由于 A 唯一的 n 阶子式是 $|A|\neq 0$(由 A 可逆知),故 $r(A)=n$.

例 3.11 求 $A=\begin{pmatrix}1&2&0&4&1\\0&0&2&0&1\\0&0&0&2&2\\0&0&0&0&0\end{pmatrix}$ 的秩 $r(A)$.

解　不难发现由第 1,2,3 行及第 1,3,4 列构成的 $\boldsymbol{A}$ 的三阶子式为 $\begin{vmatrix} 1 & 0 & 4 \\ 0 & 2 & 0 \\ 0 & 0 & 2 \end{vmatrix} = 4 \neq 0$，而所有的四阶子式由于包含第 4 行(零行)中的元素，故全为零，因此 $r(\boldsymbol{A}) = 3$.

一般来说，当 m, n 较大时，从定义出发求矩阵 $\boldsymbol{A} = (a_{ij})_{m\times n}$ 的秩是非常麻烦的. 这就需要我们寻求其他更简便且实用的方法来求 $r(\boldsymbol{A})$. 初等变换是一种“保秩”的运算. 这是因为考虑到三种初等变换都不可能将现存于矩阵 A 中的 r 阶子式由非零变为零，同样也不可能将现存矩阵中已为零的 $r+1$ 阶子式由零转化为非零的缘故. 因此，我们有下面的定理 3.10.

定理 3.10　矩阵 $\boldsymbol{A}$ 经初等变换后，其秩不变.

观察到例 3.11 中的 $\boldsymbol{A}$ 是一个行阶梯形矩阵，它的秩的个数正好等于它的非零行的个数. 因此，根据定理 3.10，有下述推论：

推论 3.7　若 $\boldsymbol{A}$ 是一个 $m \times n$ 的矩阵，$\boldsymbol{B}$ 是与 $\boldsymbol{A}$ 等价的行阶梯形矩阵，则 $r(\boldsymbol{A}) = r(\boldsymbol{B})$，即 $r(\boldsymbol{A})$ 等于 $\boldsymbol{B}$ 中非零行的行数.

例 3.12　求矩阵 $\boldsymbol{A} = \begin{pmatrix} 2 & -1 & 4 & -1 \\ 4 & -2 & 5 & 4 \\ 2 & -1 & 3 & 1 \end{pmatrix}$ 的秩 $r(\boldsymbol{A})$.

解

$$\boldsymbol{A} = \begin{pmatrix} 2 & -1 & 4 & -1 \\ 4 & -2 & 5 & 4 \\ 2 & -1 & 3 & 1 \end{pmatrix} \to \begin{pmatrix} 2 & -1 & 4 & -1 \\ 0 & 0 & -3 & 6 \\ 0 & 0 & -1 & 2 \end{pmatrix} \to \begin{pmatrix} 2 & -1 & 4 & -1 \\ 0 & 0 & 1 & -2 \\ 0 & 0 & 0 & 0 \end{pmatrix},$$

所以 $\boldsymbol{A}$ 的秩为 2.

3.2　线性方程组的解

3.2.1　齐次线性方程组与非齐次线性方程组

考虑含有 n 个未知量的 m 个方程组成的一般线性方程组

$$\begin{cases} a_{11}x_1 + a_{12}x_2 + \cdots + a_{1n}x_n = b_1, \\ a_{21}x_1 + a_{22}x_2 + \cdots + a_{2n}x_n = b_2, \\ \quad\cdots\cdots \\ a_{m1}x_1 + a_{m2}x_2 + \cdots + a_{mn}x_n = b_m. \end{cases} \tag{3.8}$$

的求解问题。方程组(3.8)用矩阵形式可以写成

$$\boldsymbol{Ax} = \boldsymbol{b}. \tag{3.9}$$

其中

$$A=\begin{pmatrix} a_{11} & a_{12} & \cdots & a_{1n} \\ a_{21} & a_{22} & \cdots & a_{2n} \\ \vdots & \vdots & & \vdots \\ a_{m1} & a_{m2} & \cdots & a_{mn} \end{pmatrix},\ b=\begin{pmatrix} b_1 \\ b_2 \\ \vdots \\ b_m \end{pmatrix},\ x=\begin{pmatrix} x_1 \\ x_2 \\ \vdots \\ x_n \end{pmatrix}.$$

我们称矩阵 A，b，x 分别为方程组(3.8)的系数矩阵，常数项矩阵(向量)，未知矩阵(向量).

当方程组(3.8)中的 b_1，b_2，…，b_m 全为零，即 $b=0$ 时，方程组

$$\begin{cases} a_{11}x_1+a_{12}x_2+\cdots+a_{1n}x_n=0, \\ a_{21}x_1+a_{22}x_2+\cdots+a_{2n}x_n=0, \\ \cdots\cdots \\ a_{m1}x_1+a_{m2}x_2+\cdots+a_{mn}x_n=0. \end{cases} \tag{3.10}$$

称为齐次线性方程组，用矩阵形式可以写成

$$Ax=0, \tag{3.11}$$

其中 $0=\begin{pmatrix} 0 \\ 0 \\ \vdots \\ 0 \end{pmatrix}$.

当方程组(3.8)中的 b_1，b_2，…，b_m 不全为零，即 $b\neq 0$ 时，称为非齐次线性方程组.

对线性方程组(3.8)，把常数矩阵 b 中的元素添加到系数矩阵 A 的元素的后面，得到矩阵

$$\bar{A}=(A,\ b)=\begin{pmatrix} a_{11} & a_{12} & \cdots & a_{1n} & b_1 \\ a_{21} & a_{22} & \cdots & a_{2n} & b_2 \\ \vdots & \vdots & & \vdots & \vdots \\ a_{m1} & a_{m2} & \cdots & a_{mn} & b_m \end{pmatrix}.$$

矩阵 $\bar{A}$ 称为方程组(3.8)的增广矩阵.

3.2.2　线性方程组解的判定

定理 3.11　设线性方程组(3.8)的系数矩阵为 A，增广矩阵为 $\bar{A}$，则有下面的结论：

(1) 当 $r(A)=r(\bar{A})$ 时，方程组(3.8)有解.

(2) 当 $r(A)=r(\bar{A})=n$ 时，方程组(3.8)有唯一解.

(3) 当 $r(A)=r(\bar{A})<n$ 时，方程组(3.8)有无穷多解.

(4) 当 $r(\boldsymbol{A}) \neq r(\bar{\boldsymbol{A}})$ 时,方程组(3.8)无解.

证明 考察线性方程组(3.8):由于 x_1 的 m 个系数不全为零,通过换行,总能使第一个方程中的 x_1 系数不为零,不妨设 $a_{11} \neq 0$,利用第三种初等行变换,可将后 $m-1$ 个方程中 x_1 的系数全化为零,即

$$\begin{pmatrix} a_{11} & a_{12} & \cdots & a_{1n} & b_1 \\ a_{21} & a_{22} & \cdots & a_{2n} & b_2 \\ \vdots & \vdots & & \vdots & \vdots \\ a_{m1} & a_{m2} & \cdots & a_{mn} & b_m \end{pmatrix} \to \begin{pmatrix} a_{11} & a_{12} & \cdots & a_{1n} & b_1 \\ 0 & a'_{22} & \cdots & a'_{2n} & b'_2 \\ \vdots & \vdots & & \vdots & \vdots \\ 0 & a'_{m2} & \cdots & a'_{mn} & b'_m \end{pmatrix}.$$

用类似方法考察第二行到第 m 行,若 a'_{22}, a'_{32}, $\cdots$, a'_{m2} 不全为零(否则考察 a'_{23}, a'_{33}, $\cdots$, a'_{m3}),不妨设 $a'_{22} \neq 0$,再利用第三种初等变换,将后 $m-2$ 个方程中 x_2 的系数全化为零;重复这个步骤,最后得到如下结果:

$$\begin{pmatrix} c_{11} & c_{12} & \cdots & c_{1r} & \cdots & c_{1n} & d_1 \\ & c_{22} & \cdots & c_{2r} & \cdots & c_{2n} & d_2 \\ & & \ddots & \vdots & & \vdots & \vdots \\ & & & c_{rr} & \cdots & c_{rn} & d_r \\ & & & & & & d_{r+1} \\ & & & & & & 0 \\ & & & & & & \vdots \\ & & & & & & 0 \end{pmatrix}.$$

其中 $c_{ii} \neq 0 \ (i=1, 2, \cdots, r)$.

其相应的阶梯形方程组为

$$\begin{cases} c_{11}x_1 + c_{12}x_2 + \cdots + c_{1r}x_r + \cdots + c_{1n}x_n = d_1, \\ \qquad\quad c_{22}x_2 + \cdots + c_{2r}x_r + \cdots + c_{2n}x_n = d_2, \\ \qquad\qquad \cdots\cdots \\ \qquad\qquad\qquad c_{rr}x_r + \cdots + c_{rn}x_n = d_r, \\ \qquad\qquad\qquad\qquad 0 = d_{r+1}. \end{cases} \tag{3.12}$$

由上面的讨论易知,方程组(3.12)与方程组(3.8)是同解方程组.此处只要讨论方程组(3.12)解的各种情形,就可知道原方程组(3.8)解的情形.

(1) 若 $d_{r+1} \neq 0$,方程组(3.12)中最后一个方程是矛盾方程,因此方程组无解.从矩阵的秩的角度看,此时增广矩阵 $\bar{\boldsymbol{A}}$ 的秩大于系数矩阵 $\boldsymbol{A}$ 的秩,即 $r(\bar{\boldsymbol{A}}) > r(\boldsymbol{A})$.

(2) 若 $d_{r+1}=0$,又分两种情形:

① 当 $r=n$ 时,方程组(3.12)的形式是

$$\begin{cases} c_{11}x_1 + c_{12}x_2 + \cdots + c_{1n}x_n = d_1, \\ \qquad\quad c_{22}x_2 + \cdots + c_{2n}x_n = d_2, \\ \qquad\qquad \cdots\cdots \\ \qquad\qquad\qquad c_{nn}x_n = d_n, \end{cases}$$

其中 $c_{ii}\neq 0\ (i=1,2,\cdots,r)$. 由最后一个方程开始,逐个算出 $x_n, x_{n-1}, \cdots, x_1$ 的值,从而得到方程组(3.8)的唯一解.

从矩阵的秩的角度看,此时增广矩阵 $\bar{\boldsymbol{A}}$ 的秩等于系数矩阵 $\boldsymbol{A}$ 的秩,并且与未知数个数相等,即 $r(\bar{\boldsymbol{A}})=r(\boldsymbol{A})=n$.

② 当 $r<n$ 时,方程组(3.12)可改写成

$$\begin{cases} c_{11}x_1+c_{12}x_2+\cdots+c_{1r}x_r=d_1-c_{1,r+1}x_{r+1}-\cdots-c_{1n}x_n, \\ \qquad c_{22}x_2+\cdots+c_{2r}x_r=d_2-c_{2,r+1}x_{r+1}-\cdots-c_{2n}x_n, \\ \qquad \cdots\cdots \\ \qquad\qquad c_{rr}x_r=d_n-c_{r,r+1}x_{r+1}-\cdots-c_{rn}x_n. \end{cases} \tag{3.13}$$

任意给 $x_{r+1}, x_{r+2}, \cdots, x_n$ 一组值,代入方程组(3.13)中就可唯一确定 $x_1, x_2, \cdots, x_r$ 的值,从而得到方程组(3.8)的一组解. 由此可见当 $r<n$ 时,方程组(3.8)有无穷多解,称 $r_{r+1}, x_{r+2}, \cdots, x_n$ 为自由未知量.

从矩阵的秩的角度看,此时增广矩阵 $\bar{\boldsymbol{A}}$ 的秩等于系数矩阵 $\boldsymbol{A}$ 的秩,并且小于未知数个数,即 $r(\bar{\boldsymbol{A}})=r(\boldsymbol{A})<n$.

例 3.13 解线性方程组

$$\begin{cases} x_1-2x_2+3x_3-4x_4=4, \\ x_2-x_3+x_4=-3, \\ x_1+3x_2-3x_4=1, \\ -7x_2+3x_3+x_4=-3. \end{cases}$$

解 对方程组的增广矩阵 $\bar{\boldsymbol{A}}=(\boldsymbol{A},\boldsymbol{b})$ 施行初等行变换,将其化为行阶梯形矩阵:

$$\boldsymbol{B}=\begin{pmatrix} 1 & -2 & 3 & -4 & 4 \\ 0 & 1 & -1 & 1 & -3 \\ 1 & 3 & 0 & -3 & 1 \\ 0 & -7 & 3 & 1 & -3 \end{pmatrix} \xrightarrow{r_3-r_1} \begin{pmatrix} 1 & -2 & 3 & -4 & 4 \\ 0 & 1 & -1 & 1 & -3 \\ 0 & 5 & -3 & 1 & -3 \\ 0 & -7 & 3 & 1 & -3 \end{pmatrix}$$

$$\xrightarrow[r_4+7r_2]{r_3-5r_2} \begin{pmatrix} 1 & -2 & 3 & -4 & 4 \\ 0 & 1 & -1 & 1 & -3 \\ 0 & 0 & 2 & -4 & 12 \\ 0 & 0 & -4 & 8 & -24 \end{pmatrix} \xrightarrow[r_3\times\frac{1}{2}]{r_4+2r_3} \begin{pmatrix} 1 & -2 & 3 & -4 & 4 \\ 0 & 1 & -1 & 1 & -3 \\ 0 & 0 & 1 & -2 & 6 \\ 0 & 0 & 0 & 0 & 0 \end{pmatrix}.$$

由于 $r(\bar{\boldsymbol{A}})=r(\boldsymbol{A})=3$, 故原方程组有解,并且有无穷多解. 继续对增广矩阵施以初等行变换将其化为行最简形矩阵,接上式有

$$\xrightarrow[r_1-3r_3]{r_2+r_3} \begin{pmatrix} 1 & -2 & 0 & 2 & -14 \\ 0 & 1 & 0 & -1 & 3 \\ 0 & 0 & 1 & -2 & 6 \\ 0 & 0 & 0 & 0 & 0 \end{pmatrix} \xrightarrow{r_1+2r_2} \begin{pmatrix} 1 & 0 & 0 & 0 & -8 \\ 0 & 1 & 0 & -1 & 3 \\ 0 & 0 & 1 & -2 & 6 \\ 0 & 0 & 0 & 0 & 0 \end{pmatrix},$$

于是，得到与原方程组同解的方程组

$$\begin{cases} x_1 \qquad\qquad = -8, \\ \quad x_2 \quad - x_4 = 3, \\ \qquad x_3 - 2x_4 = 6. \end{cases}$$

根据行最简形矩阵，取 x_4 为自由未知量，将这方程组改写为

$$\begin{cases} x_1 = -8, \\ x_2 = x_4 + 3, \\ x_3 = 2x_4 + 6. \end{cases}$$

令 $x_4 = c$ (c 为任意常数)，于是得到原方程组的一般解为

$$\begin{cases} x_1 = -8, \\ x_2 = c + 3, \\ x_3 = 2c + 6, \\ x_4 = c. \end{cases} \quad (c\text{ 为任意常数})$$

因为齐次线性方程组(3.10)是线性方程组(3.8)的特殊情况，所以我们根据定理 3.11 就可以得到定理 3.12.

定理 3.12 设齐次线性方程组(3.10)的系数矩阵 $\boldsymbol{A}$ 的秩为 r，即 $r(\boldsymbol{A}) = r$，则

(1) 当 $r = n$ 时，方程组(3.10)只有唯一零解.

(2) 当 $r < n$ 时，方程组(3.10)有无穷多个解(即有非零解).

例 3.14 k 为何值时，其次线性方程组

$$\begin{cases} x_1 + 2x_2 + kx_3 = 0 \\ -x_1 + (k-1)x_2 + x_3 = 0 \\ kx_1 + (3k+1)x_2 + (2k+3)x_3 = 0 \end{cases}$$

仅有零解？有非零解？

解 对方程组的系数矩阵 $\boldsymbol{A}$ 施行初等行变换，将其化为行阶梯形矩阵：

$$\boldsymbol{A} = \begin{pmatrix} 1 & 2 & k \\ -1 & k-1 & 1 \\ k & 3k+1 & 2k+3 \end{pmatrix} \longrightarrow \begin{pmatrix} 1 & 2 & k \\ 0 & k+1 & k+1 \\ 0 & k+1 & (k+1)(3-k) \end{pmatrix}$$

$$\longrightarrow \begin{pmatrix} 1 & 2 & k \\ 0 & k+1 & k+1 \\ 0 & 0 & (k+1)(2-k) \end{pmatrix}.$$

(1) 当 $k \neq -1$ 且 $k \neq 2$ 时，$r(\boldsymbol{A}) = 3$，等于未知数个数，所以方程组仅有零解.

(2) 当 $k \neq -1$ 时，

$$A=\begin{pmatrix}1&2&-1\\0&0&0\\0&0&0\end{pmatrix},$$

可见 $r(\boldsymbol{A})=1<n=3$，所以方程组有非零解.

(3) 当 $k=2$ 时，

$$A=\begin{pmatrix}1&2&2\\0&3&3\\0&0&0\end{pmatrix}.$$

可见 $r(\boldsymbol{A})=2<n=3$，所以方程组有非零解.

综合上述讨论可知：

(1) 当 $k\neq-1$ 且 $k\neq 2$ 时，方程组仅有零解.

(2) 当 $k=-1$ 或 $k=2$ 时，方程组有非零解.

3.3 线性方程组解的结构

3.3.1 齐次线性方程组解的结构

由定理 3.12 可知，当齐次线性方程组的系数矩阵的秩小于未知量的个数，即 $r<n$ 时，方程组(3.10)有无穷多个解，那么这些解之间有什么关系？这就是解的结构问题.

齐次线性方程组(3.10)的一组解：$\boldsymbol{x}_1,\ \boldsymbol{x}_2,\ \cdots,\ \boldsymbol{x}_n$ 可以看成是一个 n 维列向量，$(\boldsymbol{x}_1,\ \boldsymbol{x}_2,\ \cdots,\ \boldsymbol{x}_n)^{\mathrm{T}}$. 齐次线性方程组的解向量有以下性质称其为齐次线性方程组的一个解向量.

性质 1 设 $\boldsymbol{\xi}_1$，$\boldsymbol{\xi}_2$ 是方程组(3.11)的两个解向量，则 $\boldsymbol{\xi}_1+\boldsymbol{\xi}_2$ 也是方程组(3.11)的解向量.

证明 因 $\boldsymbol{\xi}_1$，$\boldsymbol{\xi}_2$ 是方程组 $\boldsymbol{Ax}=\boldsymbol{0}$ 的解向量，则 $\boldsymbol{A\xi}_1=\boldsymbol{0}$ 及 $\boldsymbol{A\xi}_2=\boldsymbol{0}$，从而 $\boldsymbol{A}(\boldsymbol{\xi}_1+\boldsymbol{\xi}_2)=\boldsymbol{A\xi}_1+\boldsymbol{A\xi}_2=0+0=0$，所以 $\boldsymbol{\xi}_1+\boldsymbol{\xi}_2$ 是方程组(3.11)的解向量.

性质 2 设 $\boldsymbol{\xi}$ 是方程组(3.11)的解向量，k 是任意常数，则 $k\boldsymbol{\xi}$ 是方程组(3.11)的解向量.

证明 设 $\boldsymbol{\xi}$ 是 $\boldsymbol{Ax}=\boldsymbol{0}$ 的解向量，则 $\boldsymbol{A\xi}=\boldsymbol{0}$，从而 $\boldsymbol{A}(k\boldsymbol{\xi})=k(\boldsymbol{A\xi})=k\times 0=0$，所以 $k\boldsymbol{\xi}$ 是方程组(3.11)的解向量.

定义 3.11 **(基础解系)** 设 S 表示齐次线性方程组(3.11)的所有解向量所组成的集合，$\boldsymbol{\xi}_1$，$\boldsymbol{\xi}_2$，$\cdots$，$\boldsymbol{\xi}_k$ 是 S 中的一部分解向量，如果满足：

(1) $\boldsymbol{\xi}_1$，$\boldsymbol{\xi}_2$，$\cdots$，$\boldsymbol{\xi}_k$ 线性无关；

(2) 方程组(3.11)的任意一个解向量均可由 $\boldsymbol{\xi}_1,\ \boldsymbol{\xi}_2,\ \cdots,\ \boldsymbol{\xi}_k$ 线性表示，

则称 $\boldsymbol{\xi}_1$，$\boldsymbol{\xi}_2$，$\cdots$，$\boldsymbol{\xi}_k$ 为方程组(3.11)的一个基础解系.

当齐次线性方程组(3.11)的系数矩阵 $\boldsymbol{A}$ 的秩 $r(\boldsymbol{A})=n$ 时，方程组(3.11)只有零解，因

而没有基础解系. 当 $r(\boldsymbol{A})=r<n$ 时，方程组(3.11)是否存在基础解系？如果基础解系存在，那么如何求出？对此，有下面的定理.

定理 3.13　如果齐次线性方程组(3.11)的系数矩阵 $\boldsymbol{A}$ 的秩 $r(\boldsymbol{A})=r<n$，则方程组必存在基础解系，且基础解系中的解向量个数为 $n-r$.

证明　设系数矩阵 $\boldsymbol{A}$ 的秩为 r，并且不妨设 $\boldsymbol{A}$ 的前 r 个列向量线性无关，对 $\boldsymbol{A}$ 做初等行变换化成如下形状：

$$\begin{pmatrix} 1 & 0 & \cdots & 0 & k_{1,r+1} & \cdots & k_{1,n} \\ 0 & 1 & \cdots & 0 & k_{2,r+1} & \cdots & k_{2,n} \\ \vdots & \vdots & & \vdots & \vdots & & \vdots \\ 0 & 0 & \cdots & 1 & k_{r,r+1} & \cdots & k_{r,n} \\ \vdots & \vdots & & \vdots & \vdots & & \vdots \\ 0 & 0 & \cdots & 0 & 0 & \cdots & 0 \end{pmatrix},$$

这说明齐次线性方程组(3.11)与下列方程组同解：

$$\begin{cases} x_1=-k_{1,r+1}x_{r+1}-\cdots-k_{1,n}x_n \\ x_2=-k_{2,r+1}x_{r+1}-\cdots-k_{2,n}x_n \\ \qquad\qquad\cdots\cdots \\ x_r=-k_{r,r+1}x_{r+1}-\cdots-k_{r,n}x_n \end{cases} \tag{3.14}$$

其中 $x_{r+1},\cdots,x_n$ 称为**自由未知量**，任取 $x_{r+1},\cdots,x_n$ 一组值，即可唯一确定 $x_1,\cdots,x_r$ 的值，就得到方程组(3.11)的一个解. 现在令 $x_{r+1},\cdots,x_n$ 分别取下列 $n-r$ 组数：

$$\begin{pmatrix} x_{r+1} \\ x_{r+2} \\ \vdots \\ x_n \end{pmatrix}=\begin{pmatrix} 1 \\ 0 \\ \vdots \\ 0 \end{pmatrix},\begin{pmatrix} 0 \\ 1 \\ \vdots \\ 0 \end{pmatrix},\cdots,\begin{pmatrix} 0 \\ 0 \\ \vdots \\ 1 \end{pmatrix}.$$

就可得到齐次线性方程组(3.11)的 $n-r$ 个非零解向量为

$$\boldsymbol{\xi}_1=\begin{pmatrix} -k_{1,r+1} \\ -k_{2,r+1} \\ \vdots \\ -k_{r,r+1} \\ 1 \\ 0 \\ \vdots \\ 0 \end{pmatrix},\ \boldsymbol{\xi}_2=\begin{pmatrix} -k_{1,r+2} \\ -k_{2,r+2} \\ \vdots \\ -k_{r,r+2} \\ 0 \\ 1 \\ \vdots \\ 0 \end{pmatrix},\ \cdots,\ \boldsymbol{\xi}_{n-r}=\begin{pmatrix} -k_{1,n} \\ -k_{2,n} \\ \vdots \\ -k_{r,n} \\ 0 \\ 0 \\ \vdots \\ 1 \end{pmatrix}.$$

下面证明 $\boldsymbol{\xi}_1,\boldsymbol{\xi}_2,\cdots,\boldsymbol{\xi}_{n-r}$ 就是方程组(3.11)的一个基础解系.

首先，由于 $(x_{r+1},x_{r+2},\cdots,x_n)^{\mathrm{T}}$ 所取的 $n-r$ 个 $n-r$ 维向量

$$\begin{pmatrix}1\\0\\\vdots\\0\end{pmatrix},\begin{pmatrix}0\\1\\\vdots\\0\end{pmatrix},\cdots,\begin{pmatrix}0\\0\\\vdots\\1\end{pmatrix}$$

线性无关,所以在每个向量前面添加 r 个分量得到的 $n-r$ 个 n 维向量 $\boldsymbol{\xi}_1, \boldsymbol{\xi}_2, \cdots, \boldsymbol{\xi}_{n-r}$ 也线性无关.

其次证明方程组(3.11)的任一解

$$\boldsymbol{x}=\boldsymbol{\xi}=\begin{pmatrix}\lambda_1\\\vdots\\\lambda_r\\\lambda_{r+1}\\\vdots\\\lambda_n\end{pmatrix}$$

都可以由 $\boldsymbol{\xi}_1, \boldsymbol{\xi}_2, \cdots, \boldsymbol{\xi}_{n-r}$ 线性表示. 作向量

$$\boldsymbol{\eta}=\lambda_{r+1}\boldsymbol{\xi}_1+\lambda_{r+2}\boldsymbol{\xi}_2+\cdots+\lambda_n\boldsymbol{\xi}_{n-r},$$

由于 $\boldsymbol{\xi}_1, \boldsymbol{\xi}_2, \cdots, \boldsymbol{\xi}_{n-r}$ 是方程组(3.11)的解,故 $\boldsymbol{\eta}$ 也是方程组(3.11)的解,而 $\boldsymbol{\eta}$ 与 $\boldsymbol{\xi}$ 的后面$n-r$个分量对应相等,由于它们都满足方程组(3.14),由方程组(3.14)可知,任一解的前 r 个分量由后 $n-r$ 个分量唯一决定,因此 $\boldsymbol{\xi}=\boldsymbol{\eta}$, 即

$$\boldsymbol{\xi}=\lambda_{r+1}\boldsymbol{\xi}_1+\lambda_{r+2}\boldsymbol{\xi}_2+\cdots+\lambda_n\boldsymbol{\xi}_{n-r}.$$

这样, $\boldsymbol{\xi}_1, \boldsymbol{\xi}_2, \cdots, \boldsymbol{\xi}_{n-r}$ 就是方程组(3.11)的一个基础解系.

定理 3.13 的证明过程实际上为我们提供了一种求齐次线性方程组(3.11)基础解系的方法. 如果 $\boldsymbol{\xi}_1, \boldsymbol{\xi}_2, \cdots, \boldsymbol{\xi}_{n-r}$ 就是方程组(3.11)的一个基础解系. 则方程组(3.11)的解可表示为

$$\boldsymbol{x}=k_1\boldsymbol{\xi}_1+k_2\boldsymbol{\xi}_2+\cdots+k_{n-r}\boldsymbol{\xi}_{n-r}.$$

其中 $k_1, k_2, \cdots, k_{n-r}$ 为任意实数,由于它包含了方程组(3.11)的所有解,因此称它为方程组(3.11)的**通解**.

例 3.15 求齐次线性方程组

$$\begin{cases}x_1-x_2+2x_3+x_4=0\\2x_1-2x_2+3x_3+3x_4=0\\x_1-x_2+x_3+2x_4=0\end{cases}$$

的基础解系.

解 对系数矩阵作初等行变换,变为行最简形矩阵,有

$$\boldsymbol{A}=\begin{pmatrix}1&-1&2&1\\2&-2&3&3\\1&-1&1&2\end{pmatrix}\to\begin{pmatrix}1&-1&2&1\\0&0&-1&1\\0&0&-1&1\end{pmatrix}\to\begin{pmatrix}1&-1&0&3\\0&0&1&-1\\0&0&0&0\end{pmatrix},$$

于是得到原方程组同解的方程组

$$\begin{cases} x_1 = x_2 - 3x_4, \\ x_3 = \qquad\quad x_4. \end{cases}$$

令 $\begin{pmatrix} x_2 \\ x_4 \end{pmatrix}$ 分别取 $\begin{pmatrix} 1 \\ 0 \end{pmatrix}$，$\begin{pmatrix} 0 \\ 1 \end{pmatrix}$，得 $\begin{pmatrix} x_1 \\ x_3 \end{pmatrix} = \begin{pmatrix} 1 \\ 0 \end{pmatrix}$，$\begin{pmatrix} -3 \\ 1 \end{pmatrix}$，则得原方程组的一个基础解系

$$\boldsymbol{\xi}_1 = \begin{pmatrix} 1 \\ 1 \\ 0 \\ 0 \end{pmatrix},\ \boldsymbol{\xi}_2 = \begin{pmatrix} -3 \\ 0 \\ 1 \\ 1 \end{pmatrix}.$$

例 3.16　设 $\boldsymbol{A}$，$\boldsymbol{B}$ 都是 n 阶方阵，且 $\boldsymbol{AB} = 0$，证明：$r(\boldsymbol{A}) + r(\boldsymbol{B}) \leqslant n$.

证明　设 $\boldsymbol{B} = (b_1, b_2, \cdots, b_n)$，$b_i$ 为 $\boldsymbol{B}$ 的第 i 列向量，则

$$\boldsymbol{AB} = (\boldsymbol{Ab}_1, \boldsymbol{Ab}_2, \cdots, \boldsymbol{Ab}_n).$$

由 $\boldsymbol{AB} = 0$ 知，$\boldsymbol{Ab}_i = 0$，因此 $\boldsymbol{b}_i (i = 1, 2, \cdots, n)$ 是方程组 $\boldsymbol{Ax} = 0$ 的解.

设 $r(\boldsymbol{A}) = r$，则方程组 $\boldsymbol{Ax} = 0$ 的解空间 S 的维数为 $n - r$，而 $\boldsymbol{B}$ 的列向量组为 S 的子集，故 $\boldsymbol{B}$ 的列秩$\leqslant S$ 的维数，即 $r(\boldsymbol{B}) \leqslant n - r$，从而 $r + r(\boldsymbol{B}) \leqslant n$，因此

$$r(\boldsymbol{A}) + r(\boldsymbol{B}) \leqslant n.$$

3.3.2　非齐次线性方程组解的结构

对于非齐次线性方程组 $\boldsymbol{Ax} = \boldsymbol{b}$，若等式右端取为零向量，则得

$$\boldsymbol{Ax} = \boldsymbol{0}.$$

称 $\boldsymbol{Ax} = \boldsymbol{0}$ 为与 $\boldsymbol{Ax} = \boldsymbol{b}$ 相应的齐次线性方程组(或称为方程组 $\boldsymbol{Ax} = \boldsymbol{b}$ 的导出组).

非齐次线性方程组(3.9)和与其相应的齐次线性方程组(3.11)有如下关系：

性质 3　非齐次线性方程组(3.9)的一个解向量 $\boldsymbol{\eta}$ 与其相应的齐次线性方程组(3.11)的一个解向量 $\boldsymbol{\xi}$ 之和 $\boldsymbol{\xi} + \boldsymbol{\eta}$ 仍是方程组(3.9)的一个解向量.

证明　由条件可知 $\boldsymbol{A\xi} = \boldsymbol{0}$，$\boldsymbol{A\eta} = \boldsymbol{b}$，故

$$\boldsymbol{A}(\boldsymbol{\xi} + \boldsymbol{\eta}) = \boldsymbol{A\xi} + \boldsymbol{A\eta} = \boldsymbol{0} + \boldsymbol{b} = \boldsymbol{b}.$$

所以 $\boldsymbol{\xi} + \boldsymbol{\eta}$ 是方程组(3.9)的解向量.

性质 4　非齐次线性方程组(3.9)的两个解向量 $\boldsymbol{\eta}_1$ 与 $\boldsymbol{\eta}_2$ 之差 $\boldsymbol{\eta}_1 - \boldsymbol{\eta}_2$，是其相应的齐次线性方程组(3.11)的解向量.

证明　由条件得 $\boldsymbol{A\eta}_1 = \boldsymbol{b}$，$\boldsymbol{A\eta}_2 = \boldsymbol{b}$，故

$$\boldsymbol{A}(\boldsymbol{\eta}_1 - \boldsymbol{\eta}_2) = \boldsymbol{A\eta}_1 - \boldsymbol{A\eta}_2 = \boldsymbol{b} - \boldsymbol{b} = \boldsymbol{0}.$$

所以 $\boldsymbol{\eta}_1 - \boldsymbol{\eta}_2$ 是方程组(3.11)的解向量.

下面的定理给出求非齐次线性方程组(3.9)的全部解的方法.

定理 3.14 如果 $\boldsymbol{\eta}^*$ 是非齐次线性方程组(3.9)的一个解,$\boldsymbol{\xi}$ 是与其相应的齐次线性方程组(3.11)的通解,则方程组(3.9)的任一解总可表示为 $\boldsymbol{x}=\boldsymbol{\eta}^*+\boldsymbol{\xi}$.

证明 设 $\boldsymbol{\eta}'$是方程组(3.9)的任一解,由于 $\boldsymbol{\eta}^*$ 也是方程组(3.9)的一个解,由性质 4 知 $\boldsymbol{\eta}'-\boldsymbol{\eta}^*$ 是方程组(3.11)的解.由于 $\boldsymbol{\xi}$ 是方程组(3.11)的通解,故 $\boldsymbol{\eta}'-\boldsymbol{\eta}^*$ 必包含在 $\boldsymbol{\xi}$ 之中,而 $\boldsymbol{\eta}'=\boldsymbol{\eta}^*+(\boldsymbol{\eta}'-\boldsymbol{\eta}^*)$ 也必包含在 $\boldsymbol{\xi}+\boldsymbol{\eta}$ 之中,又由性质 3 知 $\boldsymbol{\xi}+\boldsymbol{\eta}^*$ 是方程组(3.9)的解,所以方程组(3.9)的任一解可表示为 $\boldsymbol{x}=\boldsymbol{\eta}^*+\boldsymbol{\xi}$.

由此可知,如果非齐次线性方程组有解,则只需求出它的一个解 $\boldsymbol{\eta}^*$,并求出其相应的齐次线性方程组的基础解系 $\boldsymbol{\xi}_1, \boldsymbol{\xi}_2, \cdots, \boldsymbol{\xi}_{n-r}$,则其全部解可以表示为

$$\boldsymbol{\xi}=k_1\boldsymbol{\xi}_1+k_2\boldsymbol{\xi}_2+\cdots+k_{n-r}\boldsymbol{\xi}_{n-r}+\boldsymbol{\eta}^*,$$

此式称为非齐次线性方程组(3.9)的通解.

例 3.17 求非齐次线性方程组

$$\begin{cases}2x_1+x_2-x_3+x_4=1,\\x_1+2x_2+x_3-x_4=2,\\x_1+x_2+2x_3+x_4=3.\end{cases}$$

的通解.

解 $\boldsymbol{B}=(\boldsymbol{A},\boldsymbol{b})=\begin{pmatrix}2&1&-1&1&1\\1&2&1&-1&2\\1&1&2&1&3\end{pmatrix}\xrightarrow{r_1\leftrightarrow r_3}\begin{pmatrix}1&1&2&1&3\\1&2&1&-1&2\\2&1&-1&1&1\end{pmatrix}$

$$\xrightarrow[r_2-r_1]{r_3-2r_1}\begin{pmatrix}1&1&2&1&3\\0&1&-1&-2&-1\\0&-1&-5&-1&-5\end{pmatrix}\xrightarrow{r_3+r_2}\begin{pmatrix}1&0&3&3&4\\0&1&-1&-2&-1\\0&0&-6&-3&-6\end{pmatrix}$$

$$\xrightarrow[r_3+r_2]{-\frac{1}{6}r_1}\begin{pmatrix}1&0&0&\frac{3}{2}&1\\0&1&0&-\frac{3}{2}&0\\0&0&1&\frac{1}{2}&1\end{pmatrix}.$$

可见 $r(\boldsymbol{B})=r(\boldsymbol{A})=3$,故方程组有解,令 $x_4=0$,得一特解 $\boldsymbol{\eta}^*=\begin{pmatrix}1\\0\\1\\0\end{pmatrix}$,并且有

$$\begin{cases}x_1=-\frac{3}{2}x_4,\\x_2=\frac{3}{2}x_4,\\x_3=-\frac{1}{2}x_4.\end{cases}$$

取 $x_4=2$，即得方程组的一个基础解系

$$\boldsymbol{\eta}=\begin{pmatrix}-3\\3\\-1\\2\end{pmatrix}.$$

所以，原方程组的通解为

$$\begin{pmatrix}x_1\\x_2\\x_3\\x_4\end{pmatrix}=\begin{pmatrix}1\\0\\1\\0\end{pmatrix}+k\begin{pmatrix}-3\\3\\-1\\2\end{pmatrix}\ (k\in\mathbf{R}).$$

例 3.18　问 a，b 为何值时，线性方程组

$$\begin{cases}x_1+x_2+x_3+x_4=0,\\ x_2-x_3+2x_4=1,\\ -x_2+ax_3-2x_4=b,\\ 3x_1+2x_2+4x_3+ax_4=-1.\end{cases}$$

无解？有唯一解？有无穷多解？并在有无穷多解时，用其导出组的基础解系表示通解.

解　对非齐次线性方程组的增广矩阵作初等行变换

$$\boldsymbol{B}=\begin{pmatrix}1&1&1&1&0\\0&1&-1&2&1\\0&-1&a&-2&b\\3&2&4&a&-1\end{pmatrix}\xrightarrow{r_4-3r_1}\begin{pmatrix}1&1&1&1&0\\0&1&-1&2&1\\0&-1&a&-2&b\\0&-1&1&a-3&-1\end{pmatrix}$$

$$\xrightarrow[r_4+r_2]{r_3+r_2}\begin{pmatrix}1&1&1&1&0\\0&1&-1&2&1\\0&0&a-1&0&b+1\\0&0&0&a-1&0\end{pmatrix}.$$

当 $a\neq1$ 时，$r(\boldsymbol{A})=r(\boldsymbol{B})=4$，方程组有唯一解.

当 $a=1$，$b\neq-1$ 时，则 $r(\boldsymbol{A})=2$，$r(\boldsymbol{B})=3$，$r(\boldsymbol{A})\neq r(\boldsymbol{B})$，此时方程组无解.

当 $a=1$，$b=-1$ 时，$r(\boldsymbol{A})=r(\boldsymbol{B})=2$，故方程组有无穷多解. 此时，行阶梯阵为

$$\begin{pmatrix}1&1&1&1&0\\0&1&-1&2&1\\0&0&0&0&0\\0&0&0&0&0\end{pmatrix}\xrightarrow{r_1-r_2}\begin{pmatrix}1&0&2&-1&-1\\0&1&-1&2&1\\0&0&0&0&0\\0&0&0&0&0\end{pmatrix},$$

并有

$$\begin{cases} x_1 = -2x_3 + x_4 - 1, \\ x_2 = x_3 - 2x_4 + 1. \end{cases}$$

可得导出组的一个基础解系

$$\boldsymbol{\xi}_1 = \begin{pmatrix} -2 \\ 1 \\ 1 \\ 0 \end{pmatrix}, \quad \boldsymbol{\xi}_2 = \begin{pmatrix} 1 \\ -2 \\ 0 \\ 1 \end{pmatrix},$$

所以原方程组的通解为

$$\begin{pmatrix} x_1 \\ x_2 \\ x_3 \\ x_4 \end{pmatrix} = k_1 \begin{pmatrix} -2 \\ 1 \\ 1 \\ 0 \end{pmatrix} + k_2 \begin{pmatrix} 1 \\ -2 \\ 0 \\ 1 \end{pmatrix} + \begin{pmatrix} -1 \\ 1 \\ 0 \\ 0 \end{pmatrix} \quad (k_1, k_2 \in \mathbf{R}).$$

3.4 经济数学模型分析

3.4.1 投入产出模型

投入产出模型是在 20 世纪 30 年代由诺贝尔经济学奖获得者美国经济学家列昂节夫(W. Leontief)首先提出的一种经济分析方法. 它是研究个经济系统各产品部门之间投入与产出关系的线性模型(也称为投入产出模型). 投入产出分析方法是以表格形式反映经济问题,比较直观,便于推广应用. 目前世界上许多国家都采用这种方法来分析、预测整个国民经济或各部门经济的资源需求和供给.

投入是指从事一项经济活动的各种消耗,其中包括原材料、设备、动力、人力和资金等的消耗. 产出是指从事一项经济活动的结果,若从事的是生产活动,产出就是生产的产品.

设有 n 个经济部门,x_i 为 i 部门的总产出,a_{ij} 为 i 部门单位产品对 j 部门产品的消耗,d_i 为外部对 i 部门的需求,f_i 为 i 部门新创造的价值,如表 3.1 所示:

表 3.1

投入产出		消 耗 部 门				外部需求	总产出
		1	2	…	n		
生产部门	1	a_{11}	a_{12}	…	a_{1n}	d_1	x_1
	2	a_{21}	a_{22}	…	a_{2n}	d_2	x_2
	⋮	⋮	⋮	⋮	⋮	⋮	⋮
	n	a_{n1}	a_{n2}	…	a_{nn}	d_n	x_n
新创造价值		f_1	f_2	…	f_n		
总投入		x_1	x_2	…	x_n		

其中，$a_{ij}(i, j=1, 2, \cdots, n)$ 称为直接消耗系数. 在投入和产出表中反映的基本平衡关系如下：

从左到右：　中间需求＋外部需求＝总产出　(3.15)

从上到下：　中间消耗＋新创造价值＝总投入　(3.16)

由这两个平衡关系，可得两组线性方程组. 由式(3.15)可得

$$\begin{cases} a_{11}x_1+a_{12}x_2+\cdots+a_{1n}x_n+d_1=x_1, \\ a_{21}x_1+a_{22}x_2+\cdots+a_{2n}x_n+d_2=x_2, \\ \cdots\cdots \\ a_{n1}x_1+a_{n2}x_2+\cdots+a_{nn}x_n+d_n=x_n, \end{cases} \tag{3.17}$$

称为分配平衡方程组. 由式(3.16)可得

$$\begin{cases} (a_{11}+a_{21}+\cdots+a_{n1})x_1+f_1=x_1 \\ (a_{12}+a_{22}+\cdots+a_{n2})x_2+f_2=x_2 \\ \cdots\cdots \\ (a_{1n}+a_{2n}+\cdots+a_{nn})x_n+f_n=x_n \end{cases} \tag{3.18}$$

称为消耗平衡方程组.

可用矩阵表示如下：

设

$$\boldsymbol{A}=\begin{pmatrix} a_{11} & a_{12} & \cdots & a_{1n} \\ a_{21} & a_{22} & \cdots & a_{2n} \\ \vdots & \vdots & & \vdots \\ a_{n1} & a_{n2} & \cdots & a_{nn} \end{pmatrix}, \boldsymbol{x}=\begin{pmatrix} x_1 \\ x_2 \\ \vdots \\ x_n \end{pmatrix}, \boldsymbol{D}=\begin{pmatrix} d_1 \\ d_2 \\ \vdots \\ d_n \end{pmatrix}, \boldsymbol{F}=\begin{pmatrix} f_1 \\ f_2 \\ \vdots \\ f_n \end{pmatrix}.$$

则方程组(3.17)可化为

$$\boldsymbol{Ax}+\boldsymbol{D}=\boldsymbol{x}.$$

移项得

$$(\boldsymbol{E}-\boldsymbol{A})\boldsymbol{x}=\boldsymbol{D}.$$

这里称 $\boldsymbol{A}$ 为直接消耗矩阵，$\boldsymbol{E}-\boldsymbol{A}$ 称为列昂节夫矩阵.

令

$$\boldsymbol{C}=\begin{pmatrix} \sum_{i=1}^{n} a_{i1} & & & \\ & \sum_{i=1}^{n} a_{i2} & & \\ & & \ddots & \\ & & & \sum_{i=1}^{n} a_{in} \end{pmatrix},$$

则方程组(3.18)可化为

$$\boldsymbol{C}\boldsymbol{x}+\boldsymbol{F}=\boldsymbol{x},$$

移项得

$$(\boldsymbol{E}-\boldsymbol{C})\boldsymbol{x}=\boldsymbol{F}.$$

将方程组(3.17)中各方程相加得

$$\sum_{i=1}^{n}a_{i1}x_1+\sum_{i=1}^{n}a_{i2}x_2+\cdots+\sum_{i=1}^{n}a_{in}x_n+\sum_{i=1}^{n}d_i=\sum_{i=1}^{n}x_i.$$

将方程组(3.18)中各方程相加得

$$\sum_{i=1}^{n}a_{i1}x_1+\sum_{i=1}^{n}a_{i2}x_2+\cdots+\sum_{i=1}^{n}a_{in}x_n+\sum_{i=1}^{n}f_i=\sum_{i=1}^{n}x_i.$$

比较上面两个方程得

$$\sum_{i=1}^{n}d_i=\sum_{i=1}^{n}f_i.$$

这表明系统外部对各部门产值的需求总和等于系统内部各部门新创造价值的总和.

可以证明直接消耗系数有如下性质：

(1) 每个 a_{ij} 都是小于1的非负数,即 $0\leqslant a_{ij}<1\ (i,j=1,2,\cdots,n)$.

(2) 矩阵 A 中每列元素之和小于1,即 $\sum\limits_{i=1}^{n}a_{ij}<1\ (j=1,2,\cdots,n)$.

由以上性质可知：

在分配平衡方程组中,列昂节夫矩阵 $\boldsymbol{E}-\boldsymbol{A}$ 可逆,且 $(\boldsymbol{E}-\boldsymbol{A})^{-1}$ 为非负矩阵,所以

$$\boldsymbol{x}=(\boldsymbol{E}-\boldsymbol{A})^{-1}\boldsymbol{D}.$$

在消耗平衡方程组中,显然 $\boldsymbol{C}$ 的主对角元素全为正数,$\boldsymbol{E}-\boldsymbol{C}$ 可逆,且 $(\boldsymbol{E}-\boldsymbol{C})^{-1}$ 为非负矩阵,所以

$$\boldsymbol{x}=(\boldsymbol{E}-\boldsymbol{C})^{-1}\boldsymbol{F}.$$

令

$$\boldsymbol{G}=\boldsymbol{A}\begin{bmatrix}x_1 & & & \\ & x_2 & & \\ & & \ddots & \\ & & & x_n\end{bmatrix}$$

$$\boldsymbol{y}=(1\quad 1\quad \cdots\cdots\quad 1)\boldsymbol{G}$$

则 $\boldsymbol{G}$ 表示各部门间的投入产出关系,称为投入产出矩阵,$\boldsymbol{y}$ 表示各部门的总投入,称为总投入向量,新创造价值向量为

$$F = \boldsymbol{x} - \boldsymbol{y}^{\mathrm{T}}.$$

在某个部门生产或提供服务时，对任何一个产品的直接消耗还蕴含着对其他产品的间接消耗，这样就有完全消耗系数的概念. 完全消耗系数是指某部门生产单位产值的产品对其他某一部门产品的总消耗值. 设 b_{ij} 为 j 部门生产单位产品对 i 部门的总消耗值，则有

$$a_{ij} + \sum_{l=1}^{n} b_{il} a_{lj} = b_{ij}. \tag{3.19}$$

记 $\boldsymbol{B} = \begin{pmatrix} b_{11} & b_{12} & \cdots & b_{1n} \\ b_{21} & b_{22} & \cdots & b_{2n} \\ \vdots & \vdots & & \vdots \\ b_{n1} & b_{n2} & \cdots & b_{nn} \end{pmatrix}$ 为完全消耗矩阵，则式(3.19)可写成矩阵形式

$$\boldsymbol{A} + \boldsymbol{B}\boldsymbol{A} = \boldsymbol{B},$$

移项得

$$\boldsymbol{B}(\boldsymbol{E} - \boldsymbol{A}) = \boldsymbol{A}.$$

由此可得

$$\boldsymbol{B} = \boldsymbol{A}(\boldsymbol{E} - \boldsymbol{A})^{-1}.$$

例 3.19　在一个具有 3 个部门的经济系统中，已知报告期的投入产出表见表 3.2(价值型)：

表 3.2

投入 \ 产出（部门间流量）		中间产出			最终产品			总产品
		部门 1	部门 2	部门 3	积累	消费	合计	
物资消耗	部门 1	200	500	100			1 200	2 000
	部门 2	400	2 000	300			2 300	5 000
	部门 3	200	500	0			300	1 000
新创造价值		1 200	2 000	600				
总产值		2 000	5 000	1 000				

(1) 求直接消耗系数矩阵.

(2) 如果计划期的最终产品列向量为 $\boldsymbol{y} = (1\,320,\ 2\,530,\ 330)^{\mathrm{T}}$，试求计划期的总产量.

解　(1) 直接消耗系数矩阵

$$\boldsymbol{A} = \begin{pmatrix} 0.1 & 0.1 & 0.1 \\ 0.2 & 0.4 & 0.3 \\ 0.1 & 0.1 & 0 \end{pmatrix}.$$

(2) 用消元法解线性方程组

$$\begin{cases} x_1 = 0.1x_1 + 0.1x_2 + 0.1x_3 + 1\,320, \\ x_2 = 0.2x_1 + 0.4x_2 + 0.3x_3 + 2\,530, \\ x_n = 0.1x_1 + 0.1x_2 + 330, \end{cases}$$

得总产品列向量为

$$x = \begin{pmatrix} 2\,200 \\ 5\,500 \\ 1\,100 \end{pmatrix},$$

即计划期各部门的总产量为 $x_1 = 2\,200$，$x_2 = 5\,500$，$x_3 = 1\,100$.

习　题　3

1. 设 $\boldsymbol{\alpha}_1 = \begin{pmatrix} 1 \\ 1 \\ 2 \end{pmatrix}$，$\boldsymbol{\alpha}_2 = \begin{pmatrix} -1 \\ 3 \\ -2 \end{pmatrix}$，$\boldsymbol{\alpha}_3 = \begin{pmatrix} 3 \\ 1 \\ -1 \end{pmatrix}$，求 $3\boldsymbol{\alpha}_1 - 2\boldsymbol{\alpha}_2 + \boldsymbol{\alpha}_3$ 及 $\boldsymbol{\alpha}_1 + 3\boldsymbol{\alpha}_2 - 2\boldsymbol{\alpha}_3$.

2. 已知 $\boldsymbol{\alpha}_1 = \begin{pmatrix} 2 \\ 5 \\ 1 \\ 3 \end{pmatrix}$，$\boldsymbol{\alpha}_2 = \begin{pmatrix} 10 \\ 1 \\ 5 \\ 10 \end{pmatrix}$，$\boldsymbol{\alpha}_3 = \begin{pmatrix} 4 \\ 1 \\ -1 \\ 1 \end{pmatrix}$，且 $3(\boldsymbol{\alpha}_1 - \boldsymbol{\alpha}) + 2(\boldsymbol{\alpha}_2 + \boldsymbol{\alpha}) - 5(\boldsymbol{\alpha}_3 + \boldsymbol{\alpha}) = 0$，求向量 $\boldsymbol{\alpha}$.

3. 将 β 表示成 $\boldsymbol{\alpha}_1$，$\boldsymbol{\alpha}_2$，$\boldsymbol{\alpha}_3$ 的线性组合：

(1) $\boldsymbol{\alpha}_1 = \begin{pmatrix} 1 \\ 2 \\ 3 \end{pmatrix}$，$\boldsymbol{\alpha}_2 = \begin{pmatrix} -1 \\ 1 \\ 4 \end{pmatrix}$，$\boldsymbol{\alpha}_3 = \begin{pmatrix} 3 \\ 3 \\ 2 \end{pmatrix}$，$\boldsymbol{\beta} = \begin{pmatrix} 4 \\ 5 \\ 5 \end{pmatrix}$.

(2) $\boldsymbol{\alpha}_1 = \begin{pmatrix} 1 \\ 3 \\ 5 \end{pmatrix}$，$\boldsymbol{\alpha}_2 = \begin{pmatrix} 6 \\ 3 \\ -2 \end{pmatrix}$，$\boldsymbol{\alpha}_3 = \begin{pmatrix} 3 \\ 1 \\ 0 \end{pmatrix}$，$\boldsymbol{\beta} = \begin{pmatrix} 5 \\ 8 \\ 8 \end{pmatrix}$.

4. 判断下列向量组是否线性相关：

(1) $\boldsymbol{\alpha}_1 = \begin{pmatrix} 1 \\ 3 \\ 2 \end{pmatrix}$，$\boldsymbol{\alpha}_2 = \begin{pmatrix} -1 \\ 0 \\ 1 \end{pmatrix}$，$\boldsymbol{\alpha}_3 = \begin{pmatrix} 2 \\ 4 \\ 1 \end{pmatrix}$.

(2) $\boldsymbol{\alpha}_1 = \begin{pmatrix} 1 \\ 2 \\ -1 \\ 3 \end{pmatrix}$，$\boldsymbol{\alpha}_2 = \begin{pmatrix} -1 \\ 0 \\ 4 \\ -2 \end{pmatrix}$，$\boldsymbol{\alpha}_3 = \begin{pmatrix} 2 \\ -1 \\ -1 \\ 3 \end{pmatrix}$.

(3) $\boldsymbol{\alpha}_1=\begin{pmatrix}-2\\1\\0\\3\end{pmatrix}$, $\boldsymbol{\alpha}_2=\begin{pmatrix}1\\-3\\2\\4\end{pmatrix}$, $\boldsymbol{\alpha}_3=\begin{pmatrix}2\\-2\\4\\6\end{pmatrix}$, $\boldsymbol{\alpha}_4=\begin{pmatrix}3\\0\\2\\1\end{pmatrix}$.

(4) $\boldsymbol{\alpha}_1=\begin{pmatrix}1\\2\\3\end{pmatrix}$, $\boldsymbol{\alpha}_2=\begin{pmatrix}4\\5\\6\end{pmatrix}$, $\boldsymbol{\alpha}_3=\begin{pmatrix}7\\8\\9\end{pmatrix}$, $\boldsymbol{\alpha}_4=\begin{pmatrix}10\\11\\12\end{pmatrix}$.

5. 已知向量组 $\boldsymbol{\alpha}_1$, $\boldsymbol{\alpha}_2$, $\boldsymbol{\alpha}_3$ 线性无关,问常数 a, b, c 满足什么条件时,向量组 $a\boldsymbol{\alpha}_1-\boldsymbol{\alpha}_2$, $b\boldsymbol{\alpha}_2-\boldsymbol{\alpha}_3$, $c\boldsymbol{\alpha}_3-\boldsymbol{\alpha}_1$ 线性相关.

6. 设 $\boldsymbol{\alpha}_1$, $\boldsymbol{\alpha}_2$, $\boldsymbol{\alpha}_3$ 线性无关,证明: $\boldsymbol{\alpha}_1+\boldsymbol{\alpha}_2$, $\boldsymbol{\alpha}_2+\boldsymbol{\alpha}_3$, $\boldsymbol{\alpha}_3+\boldsymbol{\alpha}_1$ 也线性无关.

7. 若 $\boldsymbol{\beta}$ 可由 $\boldsymbol{\alpha}_1$, $\boldsymbol{\alpha}_2$, $\cdots$, $\boldsymbol{\alpha}_r$ 线性表示,且表示法唯一,则向量 $\boldsymbol{\alpha}_1$, $\boldsymbol{\alpha}_2$, $\cdots$, $\boldsymbol{\alpha}_r$ 必线性无关.

8. 证明: 若向量组 $\boldsymbol{\alpha}_1$, $\boldsymbol{\alpha}_2$, $\cdots$, $\boldsymbol{\alpha}_n(n>1)$ 线性无关,且 $\boldsymbol{\beta}_1=\boldsymbol{\alpha}_2+\boldsymbol{\alpha}_3+\cdots+\boldsymbol{\alpha}_n$, $\boldsymbol{\beta}_2=\boldsymbol{\alpha}_1+\boldsymbol{\alpha}_3+\cdots+\boldsymbol{\alpha}_n$, $\cdots$, $\boldsymbol{\beta}_n=\boldsymbol{\alpha}_1+\boldsymbol{\alpha}_2+\cdots+\boldsymbol{\alpha}_{n-1}$, 则 $\boldsymbol{\beta}_1$, $\boldsymbol{\beta}_2$, $\cdots$, $\boldsymbol{\beta}_n$ 线性无关.

9. 已知向量组 $\boldsymbol{\alpha}_1$, $\boldsymbol{\alpha}_2$, $\cdots$, $\boldsymbol{\alpha}_n(n\geqslant 2)$ 线性无关,设 $\boldsymbol{\beta}_1=\boldsymbol{\alpha}_1+\boldsymbol{\alpha}_2$, $\boldsymbol{\beta}_2=\boldsymbol{\alpha}_2+\boldsymbol{\alpha}_3$, $\cdots$, $\boldsymbol{\beta}_{n-1}=\boldsymbol{\alpha}_{n-1}+\boldsymbol{\alpha}_n$, $\boldsymbol{\beta}_n=\boldsymbol{\alpha}_n+\boldsymbol{\alpha}_1$, 试证 $\boldsymbol{\beta}_1$, $\boldsymbol{\beta}_2$, $\cdots$, $\boldsymbol{\beta}_n$ 线性相关.

10. 已知向量组 $\boldsymbol{\alpha}_1=(14, 12, 6, 8, 2)$, $\boldsymbol{\alpha}_2=(6, 104, 21, 9, 17)$, $\boldsymbol{\alpha}_3=(7, 6, 3, 4, 1)$, $\boldsymbol{\alpha}_4=(35, 30, 15, 20, 5)$, 试求此向量组的秩.

11. 设向量组 $(a, 3, 1)^{\mathrm{T}}$, $(2, b, 3)^{\mathrm{T}}$, $(1, 2, 1)^{\mathrm{T}}$, $(2, 3, 1)^{\mathrm{T}}$ 的秩为 2,求 $\boldsymbol{a}$, $\boldsymbol{b}$.

12. 求下列向量组的秩和一个极大线性无关组:

(1) $\boldsymbol{\alpha}_1=\begin{pmatrix}1\\-1\\2\\4\end{pmatrix}$, $\boldsymbol{\alpha}_2=\begin{pmatrix}0\\3\\1\\2\end{pmatrix}$, $\boldsymbol{\alpha}_3=\begin{pmatrix}3\\0\\7\\14\end{pmatrix}$, $\boldsymbol{\alpha}_4=\begin{pmatrix}1\\-1\\2\\0\end{pmatrix}$, $\boldsymbol{\alpha}_5=\begin{pmatrix}2\\1\\5\\6\end{pmatrix}$.

(2) $\boldsymbol{\alpha}_1=\begin{pmatrix}1\\3\\3\\1\end{pmatrix}$, $\boldsymbol{\alpha}_2=\begin{pmatrix}1\\4\\1\\2\end{pmatrix}$, $\boldsymbol{\alpha}_3=\begin{pmatrix}1\\0\\2\\1\end{pmatrix}$, $\boldsymbol{\alpha}_4=\begin{pmatrix}1\\7\\2\\2\end{pmatrix}$.

13. 试确定 $\boldsymbol{a}$ 为何值时,向量组 $\boldsymbol{\alpha}_1$, $\boldsymbol{\alpha}_2$, $\boldsymbol{\alpha}_3$, $\boldsymbol{\alpha}_4$ 的秩为 3.

$$\boldsymbol{\alpha}_1=\begin{pmatrix}3\\a\\0\end{pmatrix},\ \boldsymbol{\alpha}_2=\begin{pmatrix}a\\1\\2\end{pmatrix},\ \boldsymbol{\alpha}_3=\begin{pmatrix}1\\-2\\1\end{pmatrix},\ \boldsymbol{\alpha}_4=\begin{pmatrix}2\\-4\\2\end{pmatrix}.$$

14. 试求下列矩阵的秩:

(1) $\begin{pmatrix}2 & -1 & 2\\4 & 0 & 2\\0 & -3 & 3\end{pmatrix}$.　　(2) $\begin{pmatrix}1 & 2 & 2 & 1\\1 & 0 & 1 & 1\\3 & 1 & 2 & 2\\3 & 3 & 0 & 1\end{pmatrix}$.

15. 用初等变换的方法求下列矩阵的秩：

(1) $\begin{pmatrix}1 & 2 & 3\\0 & -1 & -1\\3 & 4 & 7\end{pmatrix}$.　　(2) $\begin{pmatrix}1 & 0 & 0 & 1 & 4\\0 & 1 & 0 & 2 & 5\\0 & 0 & 1 & 3 & 6\\1 & 2 & 3 & 14 & 32\\4 & 5 & 6 & 32 & 77\end{pmatrix}$.

16. 判断下列方程组是否有解？若有解，判别它是有唯一解还是无穷多个解？

(1) $\begin{cases}4x_1+2x_2-x_3=2,\\3x_1-x_2+2x_3=10,\\7x_1+x_2+x_3=6.\end{cases}$　　(2) $\begin{cases}x_1+x_2+2x_3+2x_4=1,\\x_1+3x_2+6x_3+x_4=3,\\3x_1-x_2-5x_3+15x_4=3,\\-x_1+5x_2+10x_3-12x_4=5.\end{cases}$

17. λ 取何值时，下列非齐次线性方程组有唯一解？无解？有无穷多个解？

(1) $\begin{cases}\lambda x_1+x_2+x_3=1,\\x_1+\lambda x_2+x_3=\lambda,\\x_1+x_2+\lambda x_3=\lambda^2.\end{cases}$

(2) $\begin{cases}(3-2\lambda)x_1+(2-\lambda)x_2+x_3=\lambda,\\(2-\lambda)x_1+(2-\lambda)x_2+x_3=1,\\x_1+x_2+(2-\lambda)x_3=1.\end{cases}$

18. 求下列齐次线性方程组的一个基础解系，并用其表示方程组的通解：

(1) $\begin{cases}x_1+2x_2-x_3+x_4=0,\\2x_1+6x_2+3x_3-x_4=0,\\5x_1+10x_2-5x_3+x_4=0.\end{cases}$　　(2) $\begin{cases}2x_1-x_2+x_3+x_4=0,\\x_1+2x_2-x_3+4x_4=0,\\x_1+7x_2-4x_3+11x_4=0,\\5x_1+5x_2-2x_3+13x_4=0.\end{cases}$

19. 求解下列非其次线性方程组：

(1) $\begin{cases}2x_1+3x_2+x_3=4,\\x_1-2x_2+4x_3=-5,\\4x_1-x_2+9x_3=-6,\\3x_1+8x_2-2x_3=13.\end{cases}$　　(2) $\begin{cases}x_1-5x_2+2x_3-3x_4=11,\\5x_1+3x_2+6x_3-x_4=-1,\\2x_1+4x_2+2x_3+x_4=-6.\end{cases}$

20. 问 λ 取何值时，非齐次线性方程组 $\begin{cases}\lambda x_1+x_2+x_3=1,\\x_1+\lambda x_2+x_3=\lambda,\\x_1+x_2+\lambda x_3=\lambda^2\end{cases}$ 有唯一解？有无穷多解及无解？并在有解时并求其通解.

21. 设四元非齐次线性方程组的系数矩阵的秩为 3，已知 $\boldsymbol{\eta}_1$，$\boldsymbol{\eta}_2$，$\boldsymbol{\eta}_3$ 是它的三个解向量，且

$$\boldsymbol{\eta}_1+\boldsymbol{\eta}_2=\begin{pmatrix}1\\2\\2\\1\end{pmatrix},\ \boldsymbol{\eta}_3=\begin{pmatrix}1\\2\\3\\4\end{pmatrix}.$$

求这方程组的通解.

22. 设 $\boldsymbol{\xi}_1$, $\boldsymbol{\xi}_2$, …, $\boldsymbol{\xi}_r$ 是齐次线性方程组 $\boldsymbol{Ax}=0$ 的一个基础解系,试证: $\boldsymbol{\xi}_1+\boldsymbol{\xi}_2$, $\boldsymbol{\xi}_2$, …, $\boldsymbol{\xi}$ 也是此方程组的一个基础解系.

23. 证明:设非齐次线性方程组

$$\begin{cases}x_1-x_2=b_1,\\x_2-x_3=b_2,\\x_3-x_4=b_3,\\x_5-x_1=a_5\end{cases}$$

有解的充分必要条件为 $b_1+b_2+b_3+b_4=0$.

24. 设 $\boldsymbol{\eta}^*$ 是 n 元非齐次线性方程组 $\boldsymbol{Ax}=\boldsymbol{B}$ 的一个解, $\boldsymbol{\xi}_1$, $\boldsymbol{\xi}_2$, …, $\boldsymbol{\xi}_{n-r}$ 是该方程组导出组 $\boldsymbol{Ax}=0$ 的一个基础解系,证明:

(1) $\boldsymbol{\eta}^*$, $\boldsymbol{\xi}_1$, $\boldsymbol{\xi}_2$, …, $\boldsymbol{\xi}_{n-r}$ 线性无关.

(2) $\boldsymbol{\eta}^*$, $\boldsymbol{\eta}^*+\boldsymbol{\xi}_1$, $\boldsymbol{\eta}^*+\boldsymbol{\xi}_2$, …, $\boldsymbol{\eta}^*+\boldsymbol{\xi}_{n-r}$ 线性无关.

25. 车流量是由车辆构成的交通流的重要数据. 根据下面街区图所注明的各路段的车流量.

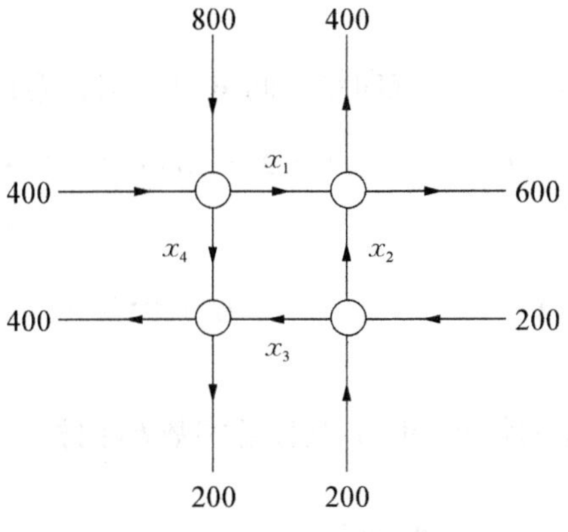

(1) 列出描述该交通流的关于车流量 x_1, x_2, x_3, x_4 的线性方程组.

(2) 解(1)所列出的方程组,并设 $x_4=300$, 求 x_1, x_2, x_3 的值.

(3) 求使 x_1, x_2, x_3, x_4 全为非负整数的 x_4 的最大值与最小值.

第 4 章　矩阵的对角化

矩阵的特征值和特征向量是线性代数中的一个重要工具,它不仅在理论上有重要的意义,在实际问题中也有着重要的应用. 用矩阵来分析经济现象和计算经济问题时,经常会用到特征值与特征向量. 本章首先介绍欧式空间 $\mathbf{R}^n$,在此基础上讨论特征值和特征向量以及矩阵的对角化.

4.1　欧氏空间 $\mathbf{R}^n$

向量空间的概念是从三维空间 $\mathbf{R}^3$ 抽象而来的. 几何空间中向量的长度和夹角等度量性质在向量空间中并没有确定的表示,因为向量之间的运算仅有加法和数乘. 向量的长度和夹角在实际许多问题中有其特殊的重要性,它们是精确描述客观对象的最基本工具. 下面,我们将在一般的向量空间中引入这些度量的概念.

4.1.1　内积的概念

定义 4.1　(向量的内积) 在 n 维向量空间 $\mathbf{R}^n$ 中,对任意两个向量

$$\boldsymbol{x}=(x_1, x_2, \cdots, x_n)^{\mathrm{T}}, \boldsymbol{y}=(y_1, y_2, \cdots, y_n)^{\mathrm{T}},$$

则

$$[\boldsymbol{x}, \boldsymbol{y}]=x_1y_1+x_2y_2+\cdots+x_ny_n \tag{4.1}$$

称为向量 $\boldsymbol{x}$ 与 $\boldsymbol{y}$ 的内积.

在向量空间 $\mathbf{R}^n$ 中任意向量 $\boldsymbol{\alpha}, \boldsymbol{\beta}, \boldsymbol{\gamma}$ 及任意实数 k,内积运算满足下列性质:

(1) $[\boldsymbol{\alpha}, \boldsymbol{\beta}]=[\boldsymbol{\beta}, \boldsymbol{\alpha}]$.

(2) $[\boldsymbol{\alpha}+\boldsymbol{\beta}, \boldsymbol{\gamma}]=[\boldsymbol{\alpha}, \boldsymbol{\gamma}]+[\boldsymbol{\beta}, \boldsymbol{\gamma}]$.

(3) $[\lambda\boldsymbol{\alpha}, \boldsymbol{\beta}]=\lambda[\boldsymbol{\alpha}, \boldsymbol{\beta}]$.

(4) $[\boldsymbol{\alpha}, \boldsymbol{\alpha}]\geqslant 0$, 等号成立当且仅当 $\boldsymbol{\alpha}=0$.

$\mathbf{R}^n$ 及其上定义的内积$[\boldsymbol{x}, \boldsymbol{y}]$称为**欧氏(Euclid)空间**.

定义 4.2　(向量的长度) 对向量空间 $\mathbf{R}^n$ 中的任意向量 $\boldsymbol{x}=(x_1, x_2, \cdots, x_n)^{\mathrm{T}}$, 令

$$\|\boldsymbol{x}\|=\sqrt{[\boldsymbol{x}, \boldsymbol{x}]}=\sqrt{x_1^2+x_2^2+\cdots+x_n^2},$$

称 $\|\boldsymbol{x}\|$ 为 n 维向量 $\boldsymbol{x}$ 的长度(或范数).

单位向量：$\|x\|=1$ 的向量 x 称为单位向量. 如果非零向量 x 的长度不为 1，取 $x^0=\dfrac{x}{\|x\|}$，则 x^0 为单位向量，称 x^0 为 x 的单位向量.

定理 4.1　（柯西-许瓦兹不等式） 向量的内积满足柯西-许瓦兹不等式

$$|(x, y)|\leqslant\|x\|\|y\|, \tag{4.2}$$

其中等号成立的充分必要条件是向量 x 与 y 线性相关.

当 $\|x\|\neq 0$，$\|y\|\neq 0$ 时，$\theta=\arccos\dfrac{[x, y]}{\|x\|\|y\|}$ 称为 n 维向量 x 与 y 的夹角.

定义 4.3　（向量的正交） 对任意非零向量 x 与 y，定义 x 与 y 的夹角 θ 为

$$\theta=\arccos\frac{[x, y]}{\|x\|\|y\|},\ 0\leqslant\theta\leqslant\pi,$$

当 $[x, y]=0$ 时，即 $\theta=\dfrac{\pi}{2}$，称向量 x 与 y 正交或垂直. 显然，若 $x=0$，则 x 与任何向量都正交.

例 4.1　已知 $x=(-1, \sqrt{2}, 1, 0)^{\mathrm{T}}$，$y=(2, 0, -3, 2\sqrt{3})^{\mathrm{T}}$，

(1) 求 $\|x\|$，$\|y\|$，并使向量 x 和 y 单位化.

(2) 求 $[x, y]$ 及 $[x+y, x-y]$.

(3) 求 x 与 y 的夹角 θ 及 $\|x+y\|$.

解　(1) $\|x\|=\sqrt{[x, x]}=\sqrt{(-1)^2+(\sqrt{2})^2+1^2+0^2}=2$；

$$\|y\|=\sqrt{[y, y]}=\sqrt{2^2+0^2+(-3)^2+(2\sqrt{3})^2}=5;$$

$$x^0=\frac{x}{\|x\|}=\frac{1}{2}(-1, \sqrt{2}, 1, 0)^{\mathrm{T}}=\left(-\frac{1}{2}, \frac{\sqrt{2}}{2}, \frac{1}{2}, 0\right)^{\mathrm{T}};$$

$$y^0=\frac{y}{\|y\|}=\frac{1}{5}(2, 0, -3, 2\sqrt{3})^{\mathrm{T}}=\left(\frac{2}{5}, 0, -\frac{3}{5}, \frac{2\sqrt{3}}{5}\right)^{\mathrm{T}}.$$

(2) $[x, y]=x^{\mathrm{T}}y=(-1, \sqrt{2}, 1, 0)\begin{pmatrix}2\\0\\-3\\2\sqrt{3}\end{pmatrix}=-5$；

$$x+y=(1, \sqrt{2}, -2, 2\sqrt{3})^{\mathrm{T}},\ x-y=(-3, \sqrt{2}, 4, -2\sqrt{3})^{\mathrm{T}};$$

$$[x+y, x-y]=-3+2-8-12=-21.$$

(3) $\cos\theta=\dfrac{[x, y]}{\|x\|\|y\|}=-\dfrac{1}{2}$，$\theta=\dfrac{2\pi}{3}$；

$$\| x+y \| =\sqrt{[x+y,\ x+y]} =\sqrt{1^2+(\sqrt{2})^2+(-2)^2+(2\sqrt{3})^2} =\sqrt{19}.$$

4.1.2 标准正交基

定义 4.4 （正交向量组） 向量空间 $\mathbf{R}^n$ 中的一组非零向量 $\boldsymbol{x}_1, \boldsymbol{x}_2, \cdots, \boldsymbol{x}_m$，如果它们两两正交，即 $(\boldsymbol{\alpha}_i, \boldsymbol{\alpha}_j)=0,\ j\neq i$，则称之为正交向量组. 由单位向量组成的正交向量组称为**标准正交向量组**.

定理 4.2 设 n 维向量 $\boldsymbol{a}_1, \boldsymbol{a}_2, \cdots, \boldsymbol{a}_r$ 是一组两两正交的非零向量，则 $\boldsymbol{a}_1, \boldsymbol{a}_2, \cdots, \boldsymbol{a}_r$ 线性无关.

证明 设有 $\lambda_1, \lambda_2, \cdots, \lambda_r$ 使

$$\lambda_1\boldsymbol{a}_1+\lambda_2\boldsymbol{a}_2+\cdots+\lambda_r\boldsymbol{a}_r=0.$$

以 $\boldsymbol{a}_i^{\mathrm{T}}$ 左乘上式两端，得

$$\lambda\boldsymbol{a}_i^{\mathrm{T}}\boldsymbol{a}_i=0.$$

因 $\boldsymbol{a}_i\neq 0$，故 $\boldsymbol{a}_i^{\mathrm{T}}\boldsymbol{a}_i=\| a_i \|^2>0$，从而必有 $\lambda_i=0\ (i=1, 2, \cdots, r)$，即 $\boldsymbol{a}_1, \boldsymbol{a}_2, \cdots, \boldsymbol{a}_r$ 线性无关.

定义 4.5 （标准正交基） 在 n 维向量空间 $\mathbf{R}^n$ 中，有 n 个向量组成的正交向量组称为 $\mathbf{R}^n$ 的一组正交基；而由单位向量组成的正交基称为**标准正交基**.

定理 4.2 中设 $\boldsymbol{a}_1, \boldsymbol{a}_2, \cdots, \boldsymbol{a}_r$ 是 n 维向量组，若 $r=n$，则向量组 $\boldsymbol{a}_1, \boldsymbol{a}_2, \cdots, \boldsymbol{a}_r$ 即为 $\mathbf{R}^n$ 的一组正交基. 这说明，n 维欧氏空间中，两两正交的向量不能超过 n 个. 如在平面上找不到三条两两垂直的直线；在空间找不到四个两两垂直的平面.

例如：在向量空间 $\mathbf{R}^n$ 中，n 维单位坐标向量组 $\boldsymbol{e}_1, \boldsymbol{e}_2, \cdots, \boldsymbol{e}_n$ 就是 $\mathbf{R}^n$ 中的一组标准正交基.

下面我们将讨论的问题是：给定一组普通的线性无关向量，如何将其标准正交化，进而得到一标准正交向量组. 为了解决这个问题，我们给出下面的定理 4.3.

定理 4.3 （施密特正交化方法） 设 $\boldsymbol{a}_1, \boldsymbol{a}_2, \cdots, \boldsymbol{a}_r$ 是欧氏空间 $\mathbf{R}^n$ 中线性无关的向量组，则由如下方法：

$$\boldsymbol{b}_1=\boldsymbol{a}_1,$$

$$\boldsymbol{b}_k=\boldsymbol{a}_k-\sum_{i=1}^{k-1}\frac{[b_i,\ a_k]}{[b_i,\ b_i]}\boldsymbol{b}_i\quad (k=2, 3, \cdots, r),\tag{4.3}$$

所得向量组 $\boldsymbol{b}_1, \boldsymbol{b}_2, \cdots, \boldsymbol{b}_r$ 是与 $\boldsymbol{a}_1, \boldsymbol{a}_2, \cdots, \boldsymbol{a}_r$ 等价的正交向量组.

当 $r=n$ 时，施密特正交化方法就可以把 $\mathbf{R}^n$ 中的一组基 $\boldsymbol{a}_1, \boldsymbol{a}_2, \cdots, \boldsymbol{a}_n$ 化为正交向量组 $\boldsymbol{b}_1, \boldsymbol{b}_2, \cdots, \boldsymbol{b}_n$，然后单位化

$$\boldsymbol{e}_i=\frac{\boldsymbol{b}_i}{\| \boldsymbol{b}_i \|}\quad (i=1, 2, \cdots, n),$$

则 $\boldsymbol{e}_1, \boldsymbol{e}_2, \cdots, \boldsymbol{e}_n$ 是 $\mathbf{R}^n$ 的一组标准正交基.

例 4.2　设 $\boldsymbol{\alpha}_1=\begin{pmatrix}1\\0\\1\end{pmatrix}, \boldsymbol{\alpha}_2=\begin{pmatrix}1\\1\\0\end{pmatrix}, \boldsymbol{\alpha}_3=\begin{pmatrix}0\\1\\1\end{pmatrix}$ 为 $\mathbf{R}^3$ 的一组基,求与它等价的一组标准正交基.

解　(1) 利用施密特正交化方法先将基正交化:

$$\boldsymbol{\beta}_1=\boldsymbol{\alpha}_1,$$

$$\boldsymbol{\beta}_2=\boldsymbol{\alpha}_2-\frac{[\boldsymbol{\beta}_1, \boldsymbol{\alpha}_2]}{[\boldsymbol{\beta}_1, \boldsymbol{\beta}_1]}\boldsymbol{\beta}_1=\begin{pmatrix}1\\1\\0\end{pmatrix}-\frac{1}{2}\begin{pmatrix}1\\0\\1\end{pmatrix}=\begin{pmatrix}\frac{1}{2}\\1\\-\frac{1}{2}\end{pmatrix},$$

$$\boldsymbol{\beta}_3=\boldsymbol{\alpha}_3-\frac{[\boldsymbol{\beta}_1, \boldsymbol{\alpha}_3]}{[\boldsymbol{\beta}_1, \boldsymbol{\beta}_1]}\boldsymbol{b}_1-\frac{[\boldsymbol{\beta}_2, \boldsymbol{\alpha}_3]}{[\boldsymbol{\beta}_2, \boldsymbol{\beta}_2]}\boldsymbol{\beta}_2=\begin{pmatrix}0\\1\\1\end{pmatrix}-\frac{1}{2}\begin{pmatrix}1\\0\\1\end{pmatrix}-\frac{\frac{1}{2}}{\frac{3}{2}}\begin{pmatrix}\frac{1}{2}\\1\\-\frac{1}{2}\end{pmatrix}=\begin{pmatrix}-\frac{2}{3}\\\frac{2}{3}\\\frac{2}{3}\end{pmatrix},$$

$\boldsymbol{\beta}_1, \boldsymbol{\beta}_2, \boldsymbol{\beta}_3$ 即为与 $\boldsymbol{\alpha}_1, \boldsymbol{\alpha}_2, \boldsymbol{\alpha}_3$ 等价的正交基.

(2) 将 $\boldsymbol{\beta}_1, \boldsymbol{\beta}_2, \boldsymbol{\beta}_3$ 单位化:

$$\boldsymbol{e}_1=\frac{\boldsymbol{\beta}_1}{\|\boldsymbol{\beta}_1\|}=\frac{1}{\sqrt{2}}\begin{pmatrix}1\\0\\1\end{pmatrix}=\begin{pmatrix}\frac{1}{\sqrt{2}}\\0\\\frac{1}{\sqrt{2}}\end{pmatrix}, \boldsymbol{e}_2=\frac{\boldsymbol{\beta}_2}{\|\boldsymbol{\beta}_2\|}=\frac{1}{\sqrt{\frac{3}{2}}}\begin{pmatrix}\frac{1}{2}\\1\\-\frac{1}{2}\end{pmatrix}=\begin{pmatrix}\frac{1}{\sqrt{6}}\\\frac{2}{\sqrt{6}}\\-\frac{1}{\sqrt{6}}\end{pmatrix},$$

$$\boldsymbol{e}_3=\frac{\boldsymbol{\beta}_3}{\|\boldsymbol{\beta}_3\|}=\frac{1}{\sqrt{\frac{4}{3}}}\begin{pmatrix}-\frac{2}{3}\\\frac{2}{3}\\\frac{2}{3}\end{pmatrix}=\begin{pmatrix}-\frac{1}{\sqrt{3}}\\\frac{1}{\sqrt{3}}\\\frac{1}{\sqrt{3}}\end{pmatrix},$$

$\boldsymbol{e}_1, \boldsymbol{e}_2, \boldsymbol{e}_3$ 即为所求的标准正交基.

4.1.3 正交矩阵及其性质

定义 4.6 (正交矩阵) 设 $\boldsymbol{A}$ 是 n 阶方阵,若矩阵 $\boldsymbol{A}$ 满足

$$\boldsymbol{A}^{\mathrm{T}}\boldsymbol{A}=\boldsymbol{A}\boldsymbol{A}^{\mathrm{T}}=\boldsymbol{E}\ (\text{即 } \boldsymbol{A}^{-1}=\boldsymbol{A}^{\mathrm{T}}),$$

那么称 $\boldsymbol{A}$ 为 n 阶正交矩阵.

例如,单位矩阵是正交矩阵;二维空间 $\mathbf{R}^2$ 中的两直角坐标系间坐标变换矩阵

$$\begin{pmatrix}\cos\theta & -\sin\theta \\ \sin\theta & \cos\theta\end{pmatrix}$$

也是正交矩阵.

正交矩阵有以下性质:

(1) 若 $\boldsymbol{A}$ 是正交矩阵,则 $|\boldsymbol{A}|=\pm 1$.

(2) 若 $\boldsymbol{A}$ 是正交矩阵,则 $\boldsymbol{A}^{\mathrm{T}}$ 和 $\boldsymbol{A}^{-1}$ 均为正交矩阵.

(3) 若 $\boldsymbol{A}$、$\boldsymbol{B}$ 都是正交矩阵,则 $\boldsymbol{AB}$ 也是正交矩阵.

(4) n 阶矩阵 $\boldsymbol{A}$ 为正交矩阵的充分必要条件是 $\boldsymbol{A}$ 的列(行)向量组是 $\mathbf{R}^n$ 的标准正交基.

定义 4.7 (正交变换) 若 $\boldsymbol{P}$ 为正交矩阵,则线性变换 $\boldsymbol{y}=\boldsymbol{Px}$ 称为正交变换.

设 $\boldsymbol{y}=\boldsymbol{Px}$ 为正交变换,则有

$$\|\boldsymbol{y}\|=\sqrt{\boldsymbol{y}^{\mathrm{T}}\boldsymbol{y}}=\sqrt{\boldsymbol{x}^{\mathrm{T}}\boldsymbol{P}^{\mathrm{T}}\boldsymbol{P}\boldsymbol{x}}=\sqrt{\boldsymbol{x}^{\mathrm{T}}\boldsymbol{x}}=\|\boldsymbol{x}\|.$$

按 $\|\boldsymbol{x}\|$ 表示向量的长度,相当于线段的长度. $\|\boldsymbol{y}\|=\|\boldsymbol{x}\|$ 说明经正交变换线段长度保持不变,这是正交变换的优良特性.

4.2 矩阵的特征值和特征向量

4.2.1 特征值和特征向量的概念

设 $\boldsymbol{A}=\begin{pmatrix}3 & 3\\ 1 & 5\end{pmatrix}$,取 $\boldsymbol{\alpha}=\begin{pmatrix}2\\ 2\end{pmatrix}$,则有

$$\boldsymbol{A\alpha}=\begin{pmatrix}3 & 3\\ 1 & 5\end{pmatrix}\begin{pmatrix}2\\ 2\end{pmatrix}=\begin{pmatrix}12\\ 12\end{pmatrix}=6\boldsymbol{\alpha},$$

上面的式子表明矩阵 $\boldsymbol{A}$ 作用在 $\boldsymbol{\alpha}$ 上,使得 $\boldsymbol{\alpha}$ 改变了常数倍. 我们把具有这种性质的非零向量 $\boldsymbol{\alpha}$ 称为矩阵 $\boldsymbol{A}$ 的特征向量,数 6 称为对应于 $\boldsymbol{\alpha}$ 的特征值.

对于一般的 n 阶矩阵,引入下面的概念:

定义 4.8 (特征值和特征向量) 设 $\boldsymbol{A}$ 是 n 阶矩阵,如果存在数 λ 和 n 维非零向量 $\boldsymbol{x}$,

使得

$$Ax = \lambda x, \tag{4.4}$$

则称 λ 是矩阵 A 的一个特征值，x 是 A 的属于(对应于)λ 的一个特征向量.

说明：特征值和特征向量仅对方阵而言.

根据定义 4.8，矩阵 A 的特征向量有下面的性质：

性质 1　如果向量 x 是矩阵 A 的属于特征 λ 的特征向量，则 x 是非零向量，并且 x 的任何非零倍数 kx $(k \neq 0)$ 也是 A 的属于 λ 的特征向量.

证明　$A(kx) = k(Ax) = k\lambda x = \lambda(kx)$.

性质 2　如果向量 α_1，α_2 都是矩阵 A 的属于特征 λ 的特征向量，且 $\alpha_1 + \alpha_2 \neq 0$，则 $\alpha_1 + \alpha_2$ 也是属于 λ 的特征向量.

证明　事实上，$A(\alpha_1 + \alpha_2) = A\alpha_1 + A\alpha_2 = \lambda\alpha_1 + \lambda\alpha_2 = \lambda(\alpha_1 + \alpha_2)$.

性质 3　如果向量 α_1，α_2，…，α_s 都是矩阵 A 的属于特征 λ 的特征向量，k_1，k_2，…，k_s 是一组数，且 $k_1\alpha_1 + k_2\alpha_2 + \cdots + k_s\alpha_s \neq 0$，则 $k_1\alpha_1 + k_2\alpha_2 + \cdots + k_s\alpha_s$ 也是属于 λ 的特征向量.

由性质 1 和性质 2，容易得到性质 3 的结论.

下面，我们来讨论对于给定的矩阵 A，如何求出它的特征值和特征向量.

根据定义 4.8，公式(4.4)可以变形改写为

$$(\lambda E - A)x = 0, \tag{4.5}$$

这表明 x 是含有 n 个未知量和 n 个方程的齐次线性方程组

$$(\lambda E - A)X = 0$$

的一个非零解. 根据齐次线性方程组有非零解的充分必要条件，其系数矩阵 $|\lambda E - A| = 0$，即

$$f(\lambda) = |\lambda E - A| = \begin{vmatrix} \lambda - a_{11} & -a_{12} & \cdots & -a_{1n} \\ -a_{21} & \lambda - a_{22} & \cdots & -a_{2n} \\ \vdots & \vdots & & \vdots \\ -a_{n1} & -a_{n2} & \cdots & \lambda - a_{nn} \end{vmatrix} = 0. \tag{4.6}$$

由行列式的定义可知，(4.6)式左边是 λ 的 n 次多项式. 在复数域内，这样的 n 次多项式必有 n 个根(n 个重根算 n 个)，它们就是矩阵 A 的全部特征值，即 n 阶方阵 A 在复数域内的 n 个特征值. 这里，我们称 $|\lambda E - A|$ 为 A 的**特征多项式**，记作 $f(\lambda)$；$|\lambda E - A| = 0$ 为 A 的**特征方程**. 将特征值 λ 带入式(4.5)，求出齐次方程组 $(\lambda E - A)X = 0$ 的基础解系，它们的非零线性组合就是属于特征值 λ 的所有特征向量.

根据上面的叙述，求 n 阶矩阵 A 的特征值和特征向量的步骤如下：

(1) 写出特征多项式 $|\lambda E - A|$.

(2) 求 A 的特征方程 $|\lambda E - A| = 0$ 的全部根，它们就是 A 的所有特征值.

(3) 对于 A 的每一个特征值 λ，求解齐次线性方程组 $(\lambda E - A)X = 0$. 设它的一个基础

解系为 $\boldsymbol{\xi}_1, \boldsymbol{\xi}_2, \cdots, \boldsymbol{\xi}_{n-r}$（其中，$r$ 是$\lambda\boldsymbol{E}-\boldsymbol{A}$ 的秩)，则 A 的对应于λ 的全部特征向量为

$$k_1\boldsymbol{\xi}_1+k_2\boldsymbol{\xi}_2+\cdots+k_{n-r}\boldsymbol{\xi}_{n-r},$$

其中，$k_1, k_2, \cdots, k_{n-r}$ 是不全为零的任意数.

例 4.3 求矩阵 $\boldsymbol{A}=\begin{pmatrix}0&-1&0\\1&-2&0\\-1&0&-1\end{pmatrix}$ 的特征值和特征向量.

解 A 的特征多项式为

$$|\lambda\boldsymbol{E}-\boldsymbol{A}|=\begin{vmatrix}-\lambda&1&0\\-1&\lambda+2&0\\1&0&\lambda+1\end{vmatrix}=(\lambda+1)^3,$$

所以 $\boldsymbol{A}$ 的特征值为 $\lambda_1=\lambda_2=\lambda_3=-1$.

当 $\lambda_1=\lambda_2=\lambda_3=-1$ 时，解方程 $(\lambda\boldsymbol{E}-\boldsymbol{A})\boldsymbol{X}=0$，即

$$\begin{pmatrix}-1&1&0\\-1&1&0\\1&0&0\end{pmatrix}\begin{pmatrix}x_1\\x_2\\x_3\end{pmatrix}=\begin{pmatrix}0\\0\\0\end{pmatrix}.$$

得基础解系

$$\boldsymbol{p}=\begin{pmatrix}0\\0\\1\end{pmatrix}.$$

所以 $k\boldsymbol{p}(k\neq 0)$ 是对应于 $\lambda_1=\lambda_2=\lambda_3=-1$ 的全部特征向量.

注意：一般情况下，求 n 阶矩阵$\boldsymbol{A}$ 是比较困难的，尤其是 n 特别大或不是具体数值的时候，这种情况下一般需要运用数值方法才能求出特征值和特征向量.

4.2.2 特征值和特征向量的性质

定理 4.4 设 $\boldsymbol{A}=(a_{ij})$ 为 n 阶方阵，$\lambda_1, \lambda_2, \cdots, \lambda_n$ 为$\boldsymbol{A}$ 的 n 个特征值，则

(1) $\sum\limits_{i=1}^{n}\lambda_i=\sum\limits_{i=1}^{n}a_{ij}$.

(2) $\lambda_1\lambda_2\cdots\lambda_n=|\boldsymbol{A}|$.

其中，$\sum\limits_{i=1}^{n}a_{ij}$ 称为$\boldsymbol{A}$ 的迹，记作 $tr(\boldsymbol{A})$.

证明留给读者作为练习.

推论 4.1 n 阶方阵$\boldsymbol{A}$ 可逆的充分必要条件是$\boldsymbol{A}$ 的 n 个特征值均不为零.

定理 4.5 设λ 是方阵$\boldsymbol{A}$ 的特征值，$\boldsymbol{x}$ 为$\boldsymbol{A}$ 的属于λ 的特征向量，则

(1) $a+\lambda$ 是$a\boldsymbol{E}+\boldsymbol{A}$ 的特征值(a 为常数).

(2) $k\lambda$ 是 $k\boldsymbol{A}$ 的特征值(k 为常数).

(3) λ^m 是 $\boldsymbol{A}^m$ 的特征值(m 为正整数).

(4) 当 $\boldsymbol{A}$ 可逆时,$\frac{1}{\lambda}$是 $\boldsymbol{A}^{-1}$ 的特征值,且 x 仍然为矩阵 $a\boldsymbol{E}+\boldsymbol{A}$, $k\boldsymbol{A}$, $\boldsymbol{A}^m$, $\boldsymbol{A}^{-1}$ 的分别对应于特征值 $a+\lambda$, $k\lambda$, λ^m 和$\frac{1}{\lambda}$的特征向量.

证明　(1) 由已知条件 $\boldsymbol{Ax}=\lambda\boldsymbol{x}$, 可得

$$(a\boldsymbol{E}+\boldsymbol{A})\boldsymbol{x}=a\boldsymbol{Ex}+\boldsymbol{Ax}=a\boldsymbol{x}+\lambda\boldsymbol{x}=(a+\lambda)\boldsymbol{x}.$$

故 $a+\lambda$ 是 $a\boldsymbol{E}+\boldsymbol{A}$ 的一个特征值,$\boldsymbol{x}$ 为 $a\boldsymbol{E}+\boldsymbol{A}$ 的属于 $a+\lambda$ 的特征向量.

(4) 当 $\boldsymbol{A}$ 可逆时,由推论知 $\lambda\neq 0$, 由 $\boldsymbol{Ax}=\boldsymbol{Ax}$ 可得

$$\boldsymbol{A}^{-1}(\boldsymbol{Ax})=\boldsymbol{A}^{-1}(\lambda\boldsymbol{x})=\lambda\boldsymbol{A}^{-1}\boldsymbol{x}.$$

由此

$$\boldsymbol{A}^{-1}\boldsymbol{x}=\frac{1}{\lambda}\boldsymbol{x}.$$

故$\frac{1}{\lambda}$是 $\boldsymbol{A}^{-1}$ 的特征值,且 $\boldsymbol{x}$ 为 $\boldsymbol{A}^{-1}$ 的对应于$\frac{1}{\lambda}$的特征向量.

定理 4.5(2)、(3)留给读者作为练习.

定理 4.6　设 $\boldsymbol{p}_1, \boldsymbol{p}_2, \cdots, \boldsymbol{p}_m$ 分别是方阵 $\boldsymbol{A}$ 的属于不同特征值 $\lambda_1, \lambda_2, \cdots, \lambda_m$ 的特征向量,则 $\boldsymbol{p}_1, \boldsymbol{p}_2, \cdots, \boldsymbol{p}_m$ 线性无关.

证明　设有常数 $x_1, x_2, \cdots, x_m$, 使

$$x_1\boldsymbol{p}_1+x_2\boldsymbol{p}_2+\cdots+x_m\boldsymbol{p}_m=0,$$

则

$$\boldsymbol{A}(x_1\boldsymbol{p}_1+x_2\boldsymbol{p}_2+\cdots+x_m\boldsymbol{p}_m)=0,$$

即

$$\lambda_1x_1\boldsymbol{p}_1+\lambda_2x_2\boldsymbol{p}_2+\cdots+\lambda_mx_m\boldsymbol{p}_m=0.$$

类推之,有

$$\lambda_1^kx_1\boldsymbol{p}_1+\lambda_2^kx_2\boldsymbol{p}_2+\cdots+\lambda_m^kx_m\boldsymbol{p}_m=0\ (k=1, 2, \cdots, m-1).$$

把上列各式合写成矩阵形式,得

$$(x_1\boldsymbol{p}_1, x_2\boldsymbol{p}_2, \cdots, x_m\boldsymbol{p}_m)\begin{pmatrix}1 & \lambda_1 & \cdots & \lambda_1^{m-1}\\ 1 & \lambda_2 & \cdots & \lambda_2^{m-1}\\ \vdots & \vdots & & \vdots\\ 1 & \lambda_m & \cdots & \lambda_m^{m-1}\end{pmatrix}=(0, 0, \cdots, 0).$$

上式等号左端第二个矩阵的行列式为范德蒙德行列式，当 λ_i 各不相等时该行列式不等于 0，从而该矩阵可逆. 于是有

$$(x_1\boldsymbol{p}_1,\ x_2\boldsymbol{p}_2,\ \cdots,\ x_m\boldsymbol{p}_m)=(0,\ 0,\ \cdots,\ 0),$$

即

$$x_j\boldsymbol{p}_j=0\ (j=1,\ 2,\ \cdots,\ m).$$

但 $\boldsymbol{p}_j\neq 0$，故 $x_j=0\ (j=1,\ 2,\ \cdots,\ m)$. 所以，向量组 $\boldsymbol{p}_1,\ \boldsymbol{p}_2,\ \cdots,\ \boldsymbol{p}_m$ 线性无关.

推论 4.2 如果矩阵 $\boldsymbol{A}$ 有 n 个不同特征值 $\lambda_1,\ \lambda_2,\ \cdots,\ \lambda_m$，则 $\boldsymbol{A}$ 有 n 个线性无关的特征向量.

定理 4.7 设 λ 是矩阵 $\boldsymbol{A}$ 的 k 重特征值，则 $\boldsymbol{A}$ 的属于 λ 的线性无关的特征向量个数最多有 k 个.（证明略）

4.3 相似矩阵与矩阵的对角化条件

在第 2 章的介绍中，我们知道对角矩阵的计算相对于其他矩阵要简便得多. 下面，我们将讨论对于一个 n 阶矩阵 $\boldsymbol{A}$，是否可以转化为对角矩阵，且保持原来矩阵的一些性质不变.

4.3.1 相似矩阵的概念与性质

定义 4.9 （相似矩阵）设 $\boldsymbol{A},\ \boldsymbol{B}$ 都是 n 阶矩阵，若有可逆矩阵 $\boldsymbol{P}$，使

$$\boldsymbol{P}^{-1}\boldsymbol{AP}=\boldsymbol{B},$$

则称矩阵 $\boldsymbol{A}$ 与 $\boldsymbol{B}$ 相似，记为 $\boldsymbol{A}\sim\boldsymbol{B}$. 对 $\boldsymbol{A}$ 进行运算 $\boldsymbol{P}^{-1}\boldsymbol{AP}$ 称为对 $\boldsymbol{A}$ 进行相似变换.

矩阵间的这种相似关系具有下面的性质：

(1) 反身性：$\boldsymbol{A}\sim\boldsymbol{A}$.

(2) 对称性：若 $\boldsymbol{A}\sim\boldsymbol{B}$，则 $\boldsymbol{B}\sim\boldsymbol{A}$.

(3) 传递性：若 $\boldsymbol{A}\sim\boldsymbol{B},\ \boldsymbol{B}\sim\boldsymbol{C}$，则 $\boldsymbol{A}\sim\boldsymbol{C}$.

相似矩阵还具有如下的一些性质：

定理 4.8 相似矩阵有相同的特征多项式，从而有相同的特征值.

证明 设 n 阶矩阵 $\boldsymbol{A}$ 与 $\boldsymbol{B}$ 相似，即有可逆矩阵 $\boldsymbol{P}$，使

$$\boldsymbol{P}^{-1}\boldsymbol{AP}=\boldsymbol{B}.$$

故

$$\begin{aligned}|\lambda\boldsymbol{E}-\boldsymbol{B}|&=|\boldsymbol{P}^{-1}(\lambda\boldsymbol{E})\boldsymbol{P}-\boldsymbol{P}^{-1}\boldsymbol{AP}|=|\boldsymbol{P}^{-1}(\lambda\boldsymbol{E}-\boldsymbol{A})\boldsymbol{P}|\\&=|\boldsymbol{P}^{-1}||\lambda\boldsymbol{E}-\boldsymbol{A}||\boldsymbol{P}|\\&=|\lambda\boldsymbol{E}-\boldsymbol{A}|.\end{aligned}$$

即 $\boldsymbol{A}$ 与 $\boldsymbol{B}$ 的特征多项式相同,因而有相同的特征值.

注意:这个定理的逆命题不成立. 例如 $\boldsymbol{E}=\begin{pmatrix}1&0\\0&1\end{pmatrix}$, $\boldsymbol{A}=\begin{pmatrix}1&1\\0&1\end{pmatrix}$ 的特征多项式都为 $(\lambda-1)^2$,但它们并不相似. 事实上,对任意的可逆矩阵 $\boldsymbol{P}$,都有 $\boldsymbol{P}^{-1}\boldsymbol{E}\boldsymbol{P}=\boldsymbol{E}\neq\boldsymbol{A}$,故 $\boldsymbol{A}$ 与 $\boldsymbol{E}$ 不相似.

推论 4.3　相似矩阵有相同的行列式和迹.

证明　若设 n 阶方阵 $\boldsymbol{A}$ 与对角矩阵

$$\boldsymbol{B}=\begin{pmatrix}\lambda_1&&&\\&\lambda_2&&\\&&\ddots&\\&&&\lambda_n\end{pmatrix}$$

相似,则因为 $\lambda_1, \lambda_2, \cdots, \lambda_n$ 即是 $\boldsymbol{B}$ 的 n 个特征值,由定理 4.4 知 $\lambda_1, \lambda_2, \cdots, \lambda_n$ 也就是 $\boldsymbol{A}$ 的 n 个特征值,所以 $\boldsymbol{A}$ 和 $\boldsymbol{B}$ 有相同的行列式和迹.

例 4.4　已知矩阵 $\boldsymbol{A}=\begin{pmatrix}2&-1&4\\0&a&7\\0&0&3\end{pmatrix}$ 与 $\boldsymbol{B}=\begin{pmatrix}1&0&0\\0&2&0\\0&0&b\end{pmatrix}$ 相似,求 a, b.

解　因为矩阵 $\boldsymbol{A}$ 与 $\boldsymbol{B}$ 相似,则 $\boldsymbol{A}$ 与 $\boldsymbol{B}$ 的特征值相同. 设 $\lambda_1, \lambda_2, \lambda_3$ 为 $\boldsymbol{A}$ 与 $\boldsymbol{B}$ 的特征值. 由定理 4.4, $\lambda_1+\lambda_2+\lambda_3=\sum_{i=1}^{3}a_{ii}=\sum_{i=1}^{3}b_{ii}$, $\lambda_1\cdot\lambda_2\cdot\lambda_3=|\boldsymbol{A}|=|\boldsymbol{B}|$, 得到

$$\begin{cases}2+a+3=1+2+b,\\2\cdot a\cdot 3=1\cdot 2\cdot b.\end{cases}$$

解之得 $a=1$, $b=3$.

4.3.2　矩阵对角化的条件

在计算时,如果矩阵能够相似于对角矩阵,那么会简化很多的运算过程. 但是,并不是所有的矩阵都能相似于对角矩阵,也就是说矩阵的可对角化是有条件的. 下面定理的内容就给出了矩阵可对角化的条件.

定理 4.9　n 阶矩阵 $\boldsymbol{A}$ 与对角矩阵相似(即 $\boldsymbol{A}$ 能对角化)的充分必要条件是 $\boldsymbol{A}$ 有 n 个线性无关的特征向量.

证明　(充分性) 设 $\boldsymbol{p}_1, \boldsymbol{p}_2, \cdots, \boldsymbol{p}_n$ 是 $\boldsymbol{A}$ 的 n 个线性无关的特征向量, $\lambda_1, \lambda_2, \cdots, \lambda_n$ 是相应的特征值,即 $\boldsymbol{A}\boldsymbol{p}_i=\lambda_i\boldsymbol{p}_i(i=1, 2, \cdots, n)$,

$$\boldsymbol{A}(\boldsymbol{p}_1, \boldsymbol{p}_2, \cdots, \boldsymbol{p}_n)=(\boldsymbol{A}\boldsymbol{p}_1, \boldsymbol{A}\boldsymbol{p}_2, \cdots, \boldsymbol{A}\boldsymbol{p}_n)=(\lambda_1\boldsymbol{p}_1, \lambda_2\boldsymbol{p}_2, \cdots, \lambda_n\boldsymbol{p}_n)$$

$$=(\boldsymbol{p}_1, \boldsymbol{p}_2, \cdots, \boldsymbol{p}_n)\begin{pmatrix}\lambda_1 & & & \\ & \lambda_2 & & \\ & & \ddots & \\ & & & \lambda_n\end{pmatrix}. \tag{4.7}$$

令 $\boldsymbol{P}=(\boldsymbol{p}_1, \boldsymbol{p}_2, \cdots, \boldsymbol{p}_n)$，因为 $\boldsymbol{p}_1, \boldsymbol{p}_2, \cdots, \boldsymbol{p}_n$ 线性无关，所以 $|\boldsymbol{P}|\neq 0$，从而矩阵 $\boldsymbol{P}$ 可逆. 由(4.7)得

$$\boldsymbol{AP}=\boldsymbol{P\Lambda}.$$

从而 $\boldsymbol{P}^{-1}\boldsymbol{AP}=\boldsymbol{\Lambda}$，故 $\boldsymbol{A}$ 与对角矩阵 $\boldsymbol{\Lambda}$ 相似.

(必要性) 设 $\boldsymbol{A}$ 可对角化，即有可逆矩阵 $\boldsymbol{P}$ 使 $\boldsymbol{P}^{-1}\boldsymbol{AP}=\boldsymbol{\Lambda}$ 或 $\boldsymbol{AP}=\boldsymbol{P\Lambda}$. 将 $\boldsymbol{P}$ 用其列向量表示为 $\boldsymbol{P}=(\boldsymbol{p}_1, \boldsymbol{p}_2, \cdots, \boldsymbol{p}_n)$，则有 $\boldsymbol{A}$

$$\boldsymbol{A}(\boldsymbol{p}_1, \boldsymbol{p}_2, \cdots, \boldsymbol{p}_n)=(\boldsymbol{p}_1, \boldsymbol{p}_2, \cdots, \boldsymbol{p}_n)\begin{pmatrix}\lambda_1 & & & \\ & \lambda_2 & & \\ & & \ddots & \\ & & & \lambda_n\end{pmatrix}$$

$$=(\lambda_1\boldsymbol{p}_1, \lambda_2\boldsymbol{p}_2, \cdots, \lambda_n\boldsymbol{p}_n).$$

即 $\boldsymbol{Ap}_i=\lambda_i\boldsymbol{p}_i(i=1, 2, \cdots, n)$，这表明 λ_i 是 $\boldsymbol{A}$ 的特征值 $(i=1, 2, \cdots, n)$，$\boldsymbol{P}$ 的列向量 $\boldsymbol{p}_i$ 是 $\boldsymbol{A}$ 的属于 λ_i 的特征向量. 又因为 $\boldsymbol{P}$ 可逆，所以 $\boldsymbol{p}_1, \boldsymbol{p}_2, \cdots, \boldsymbol{p}_n$ 线性无关.

定理 4.10 n 阶方阵 $\boldsymbol{A}$ 可对角化的充分必要条件是 $\boldsymbol{A}$ 的 k 重特征值有 k 个线性无关的特征向量.

推论 4.4 若 n 阶方阵 $\boldsymbol{A}$ 有 n 个互不相等的特征值，则 $\boldsymbol{A}$ 一定相似于一个对角矩阵.

定理 4.10 不仅给出了矩阵 $\boldsymbol{A}$ 可对角化的充分必要条件，而且定理的证明也给出了矩阵对角化的具体方法：

(1) 求出矩阵 $\boldsymbol{A}$ 的所有不同特征值 $\lambda_1, \lambda_2, \cdots, \lambda_m$，它们的重数分别为 $n_1, n_2, \cdots, n_m$.

(2) 求 $\boldsymbol{A}$ 的特征向量. 对于每个特征值 λ_i，求出齐次线性方程组 $(\lambda_i\boldsymbol{E}-\boldsymbol{A})X=0$ 的一个基础解系，设为

$$\boldsymbol{\alpha}_{i1}, \boldsymbol{\alpha}_{i2}, \cdots, \boldsymbol{\alpha}_{is_i}(i=1, 2, \cdots, m).$$

(3) 判断矩阵 $\boldsymbol{A}$ 是否可对角化.

当 $n_1=s_1, n_2=s_2, \cdots, n_m=s_m$ 时，即特征值的重数等于相应的线性无关特征向量的个数，则 $\boldsymbol{A}$ 可对角化；否则 $\boldsymbol{A}$ 不可对角化.

(4) 当 $\boldsymbol{A}$ 可对角化时，求出可逆矩阵 P.

取 $\boldsymbol{P}=(\boldsymbol{\alpha}_{11}, \boldsymbol{\alpha}_{12}, \cdots, \boldsymbol{\alpha}_{1s_i}; \boldsymbol{\alpha}_{21}, \boldsymbol{\alpha}_{22}, \cdots, \boldsymbol{\alpha}_{2s_i}; \cdots; \boldsymbol{\alpha}_{m1}, \boldsymbol{\alpha}_{m2}, \cdots, \boldsymbol{\alpha}_{ms_m})$，则

$$\boldsymbol{P}^{-1}\boldsymbol{AP}=\boldsymbol{\Lambda}=\begin{pmatrix}\lambda_1 & & & \\ & \lambda_2 & & \\ & & \ddots & \\ & & & \lambda_m\end{pmatrix}.$$

例 4.5 判断矩阵 $\boldsymbol{A}=\begin{pmatrix}1&1&0\\0&2&1\\0&0&3\end{pmatrix}$ 是否可以对角化;若能对角化,试求出相应的矩阵 $\boldsymbol{P}$ 和对角矩阵 $\boldsymbol{\Lambda}$.

解 A 的特征多项式为

$$|\lambda\boldsymbol{E}-\boldsymbol{A}|=(\lambda-1)(\lambda-2)(\lambda-3),$$

因此 $\boldsymbol{A}$ 有 3 个不同的特征值,分别为 $\lambda=1$, $\lambda=2$, $\lambda=3$, 所以 $\boldsymbol{A}$ 可以对角化.

把 $\lambda=1$ 代入方程组 $(\lambda\boldsymbol{E}-\boldsymbol{A})\boldsymbol{X}=0$, 得

$$\begin{pmatrix}0&-1&0\\0&-1&-1\\0&0&-2\end{pmatrix}\begin{pmatrix}1\\2\\3\end{pmatrix}=\begin{pmatrix}0\\0\\0\end{pmatrix},$$

它有基础解系 $\boldsymbol{\xi}_1=\begin{pmatrix}1\\0\\0\end{pmatrix}$.

把 $\lambda=2$, $\lambda=3$ 分别代入方程组 $(\lambda\boldsymbol{E}-\boldsymbol{A})\boldsymbol{X}=0$, 求的基础解系 $\boldsymbol{\xi}_2=\begin{pmatrix}1\\1\\0\end{pmatrix}$ 和 $\boldsymbol{\xi}_3=\begin{pmatrix}1\\2\\2\end{pmatrix}$. 令 $\boldsymbol{p}=\begin{pmatrix}1&1&1\\0&1&2\\0&0&2\end{pmatrix}$, $\boldsymbol{\Lambda}=\begin{pmatrix}1&&\\&2&\\&&3\end{pmatrix}$, 则有

$$\boldsymbol{p}^{-1}\boldsymbol{AP}=\boldsymbol{\Lambda}=\begin{pmatrix}1&&\\&2&\\&&3\end{pmatrix}.$$

4.4 实对称矩阵的相似对角化

从前面的介绍我们知道并不是所有的矩阵都可以相似于对角矩阵. 这一节,我们将介绍一种特殊的矩阵——实对称矩阵. 这种矩阵的特点是它一定相似于对角矩阵,并且还能正交相似于对角矩阵.

4.4.1 实对称矩阵的特征值和特征向量

定义 4.10 **(实对称矩阵)** 设 $\boldsymbol{A}$ 为 n 阶方阵,如果 $\boldsymbol{A}$ 是实对称矩阵,则 $\boldsymbol{A}$ 满足

$$\boldsymbol{A}^{\mathrm{T}}=\boldsymbol{A},\ 且\ \overline{\boldsymbol{A}}=\boldsymbol{A}\ (其中\ \overline{\boldsymbol{A}}=(\overline{a}_{ij})\ 称为\ \boldsymbol{A}\ 的共轭矩阵).$$

实对称矩阵的特征值和特征向量具有下面的性质：

定理 4.11 设 $\boldsymbol{A}$ 为实对称矩阵,则 $\boldsymbol{A}$ 的特征值全为实数.

证明 设复数 λ 为 $\boldsymbol{A}$ 的任一特征值,复向量 $\boldsymbol{x}=(x_1, x_2, \cdots, x_n)^{\mathrm{T}}$ 为对应的特征向量. 由 $\boldsymbol{Ax}=\lambda\boldsymbol{x}$，两边取转置及共轭得

$$\overline{\boldsymbol{x}^{\mathrm{T}}}\boldsymbol{A}=\bar{\lambda}\,\overline{\boldsymbol{x}^{\mathrm{T}}},$$

上式两边右乘 x 得

$$\overline{\boldsymbol{x}^{\mathrm{T}}}\boldsymbol{A}x=\bar{\lambda}\,\overline{\boldsymbol{x}^{\mathrm{T}}}x,$$

即

$$\lambda\,\overline{\boldsymbol{x}^{\mathrm{T}}}\boldsymbol{x}=\bar{\lambda}\,\overline{\boldsymbol{x}^{\mathrm{T}}}x.$$

从而 $(\lambda-\bar{\lambda})\overline{\boldsymbol{x}^{\mathrm{T}}}\boldsymbol{x}=0$，因为 $x\neq 0$，所以 $\overline{\boldsymbol{x}^{\mathrm{T}}}\boldsymbol{x}=\overline{\boldsymbol{x}_1}x_1+\overline{\boldsymbol{x}_2}x_2+\cdots+\overline{\boldsymbol{x}_n}x_n>0$，故 $\lambda=\bar{\lambda}$，即 λ 为实数.

由于实对称矩阵的特征值都是实数,所以特征向量也是实向量.

定理 4.12 实对称矩阵不同特征值对应的特征向量彼此正交.

证明 λ_1, λ_2 为 $\boldsymbol{A}$ 的两个不同的特征值，$\boldsymbol{p}_1$，$\boldsymbol{p}_2$ 分别为 $\boldsymbol{A}$ 的对应于 λ_1，λ_2 的特征向量,则

$$\boldsymbol{Ap}_1=\lambda_1\boldsymbol{p}_1,\ \boldsymbol{Ap}_2=\lambda_1\boldsymbol{p}_2,$$

将 $\lambda_1\boldsymbol{p}_1=\boldsymbol{Ap}_1$ 转置后再用 $\boldsymbol{p}_2$ 右乘得

$$\lambda_1\boldsymbol{p}_1^{\mathrm{T}}\boldsymbol{p}_2=(\boldsymbol{Ap}_1)^{\mathrm{T}}\boldsymbol{p}_2=\boldsymbol{p}_1^{\mathrm{T}}\boldsymbol{A}^{\mathrm{T}}\boldsymbol{p}_2=\boldsymbol{p}_1^{\mathrm{T}}\boldsymbol{Ap}_2=\lambda_2\boldsymbol{p}_1^{\mathrm{T}}\boldsymbol{p}_2,$$

即

$$(\lambda_1-\lambda_2)\boldsymbol{p}_1^{\mathrm{T}}\boldsymbol{p}_2=0.$$

由于 $\lambda_1\neq\lambda_2$，故 $\boldsymbol{p}_1^{\mathrm{T}}\boldsymbol{p}_2=0$，即 $[\boldsymbol{p}_1, \boldsymbol{p}_2]=0$，这表明 $\boldsymbol{p}_1$ 与 $\boldsymbol{p}_2$ 正交.

4.4.2 实对称矩阵相似对角化

定理 4.13 设 $\boldsymbol{A}$ 为 n 阶实对称矩阵,则必有正交矩阵 $\boldsymbol{P}$ 使得

$$\boldsymbol{P}^{-1}\boldsymbol{AP}=\boldsymbol{P}^{\mathrm{T}}\boldsymbol{AP}=\begin{pmatrix}\lambda_1 & & & \\ & \lambda_2 & & \\ & & \ddots & \\ & & & \lambda_n\end{pmatrix}=\boldsymbol{\Lambda}.$$

其中 $\boldsymbol{\Lambda}$ 是以 $\boldsymbol{A}$ 的 n 个特征值为对角元素的对角矩阵.

(证明略)

定理 4.13 说明 n 阶实对称矩阵必有 n 个线性无关的特征向量.

例 4.6　设 $\boldsymbol{A}=\begin{pmatrix}1&2&2\\2&1&2\\2&2&1\end{pmatrix}$，求一个正交矩阵 $\boldsymbol{P}$ 使 $\boldsymbol{P}^{-1}\boldsymbol{AP}=\boldsymbol{\Lambda}$ 为对角矩阵.

解　因为

$$|\boldsymbol{A}-\lambda\boldsymbol{E}|=\begin{vmatrix}1-\lambda&2&2\\2&1-\lambda&2\\2&2&1-\lambda\end{vmatrix}=(1+\lambda)^2(5-\lambda),$$

所以 $\boldsymbol{A}$ 的特征值为 $\lambda_1=\lambda_2=-1$，$\lambda_3=5$.

当 $\lambda_1=\lambda_2=-1$ 时，解方程组 $(\boldsymbol{A}+\boldsymbol{E})x=0$，得到线性无关的特征向量为

$$\boldsymbol{\xi}_1=\begin{pmatrix}-1\\1\\0\end{pmatrix},\ \boldsymbol{\xi}_2=\begin{pmatrix}-1\\0\\1\end{pmatrix}.$$

当 $\lambda_3=5$ 时，解方程组 $(\boldsymbol{A}-5\boldsymbol{E})x=0$，得到特征向量为

$$\boldsymbol{\xi}_3=\begin{pmatrix}1\\1\\1\end{pmatrix}.$$

将 $\boldsymbol{\xi}_1$，$\boldsymbol{\xi}_2$ 正交化得

$$\boldsymbol{\eta}_1=\boldsymbol{\xi}_1=\begin{pmatrix}-1\\1\\0\end{pmatrix},\ \boldsymbol{\eta}_2=\boldsymbol{\xi}_2-\frac{[\boldsymbol{\xi}_2,\ \boldsymbol{\eta}_1]}{[\boldsymbol{\eta}_1,\ \boldsymbol{\eta}_1]}\boldsymbol{\eta}_1=\begin{pmatrix}-1\\0\\1\end{pmatrix}-\frac{1}{2}\begin{pmatrix}-1\\1\\0\end{pmatrix}=\begin{pmatrix}-\frac{1}{2}\\-\frac{1}{2}\\1\end{pmatrix}.$$

$\boldsymbol{\xi}_3$ 与 $\boldsymbol{\xi}_1$，$\boldsymbol{\xi}_2$ 已经正交，取 $\boldsymbol{\eta}_3=\begin{pmatrix}1\\1\\1\end{pmatrix}$.

将 $\boldsymbol{\eta}_1$，$\boldsymbol{\eta}_2$，$\boldsymbol{\eta}_3$ 单位化得 $\boldsymbol{p}_1=\begin{pmatrix}-\frac{1}{\sqrt{2}}\\\frac{1}{\sqrt{2}}\\0\end{pmatrix}$，$\boldsymbol{p}_2=\begin{pmatrix}-\frac{1}{\sqrt{6}}\\-\frac{1}{\sqrt{6}}\\\frac{2}{\sqrt{6}}\end{pmatrix}$，$\boldsymbol{p}_3=\begin{pmatrix}\frac{1}{\sqrt{3}}\\\frac{1}{\sqrt{3}}\\\frac{1}{\sqrt{3}}\end{pmatrix}$.

令
$$P=(p_1,\ p_2,\ p_3)=\begin{pmatrix} -\frac{1}{\sqrt{2}} & -\frac{1}{\sqrt{6}} & \frac{1}{\sqrt{3}} \\ \frac{1}{\sqrt{2}} & -\frac{1}{\sqrt{6}} & \frac{1}{\sqrt{3}} \\ 0 & \frac{2}{\sqrt{6}} & \frac{1}{\sqrt{3}} \end{pmatrix},$$

则有 $P^{-1}AP=\begin{pmatrix} -1 & & \\ & -1 & \\ & & 5 \end{pmatrix}=\Lambda$.

4.5 经济数学模型分析

下面我们将介绍线性差分方程组模型. 首先,先来分析一个生态模型的引例.

引例: 在某一个生态系统中,有甲和乙两种生物. 其中,生物甲为生物乙(是生物甲的主要捕食者)提供了 80%以上的食物. 若生物甲的数量增加,则生物乙的数量也增加. 生物乙的数量增加,则又会使生物甲的数量减少. 生物甲的数量减少,又会导致生物乙的数量减少. 所以,生物甲和生物乙的数量关系是相互制约的. 为了更好地研究这个生态系统中甲和乙的相互制约关系,我们建立一个关于生物甲和乙的生态模型.

解 模型的假设:

如果没有生物乙来捕食,那么生物甲的总数每月增长 10%. 但是,生物乙的出现使生物甲减少,假设生物甲减少的数量和生物乙总数成正比,设生物乙总数的单位为千,此比例系数为 0.104(也就是说,平均一只生物甲在一个月内吃掉 0.104×1 000 只生物乙).

另一方面,如果没有生物乙作为食物,那么每月只有 50%的生物甲可以存活下来(生物乙总数每月减少 50%). 但是生物甲的出现使生物乙的总数增长,假设生物乙增加的数量与生物甲的总数成正比,比例系数为 0.4.

模型的建立:

设 $x(k)=\begin{pmatrix} O_k \\ R_k \end{pmatrix}$ 表示时间为 k(单位为月)时生物乙和生物甲的总数,其中 O_k 表示所研究的区域内生物甲的总数,R_k 表示生物乙的总数(单位为千).

对任何数列$\{a_k\}$,我们用 $\Delta a_k=a_{k+1}-a_k$ 来表示数列中 a_{k+1} 对 a_k 的改变量,称为数列$\{a_k\}$的一阶差分,其中 Δ 是差分算符.

由模型假设知

$$\begin{cases} \Delta O_k=O_{k+1}-O_k=0.5O_k+0.4R_k, \\ \Delta R_k=R_{k+1}-R_k=-0.104O_k+0.1R_k, \end{cases} \tag{4.8}$$

这是含有两个未知数列 $\{O_k\}$, $\{R_k\}$ 的二元线性差分方程组. 由式(4.8)得

$$\begin{cases} O_{k+1}=0.5O_k+0.4R_k, \\ R_{k+1}=-0.104O_k+1.1R_k, \end{cases} \tag{4.9}$$

这就是生物甲和生物乙的一个生态模型.

模型求解:

给定一组数 $\{O_0, R_0\}$，即给定初始向量 $\boldsymbol{x}(0)=\begin{pmatrix} O_0 \\ R_0 \end{pmatrix}$，我们可以通过迭代,计算 $\boldsymbol{x}(k)$ $(k=1, 2, \cdots)$,从而得到差分方程组(4.9)的一个解,这样就可以分析这个生态系统长期的一个变化趋势.

下面我们利用矩阵的特征值与特征向量来计算 $\boldsymbol{x}(k)$ $(k=0, 1, 2, \cdots)$. 我们先将线性差分方程组写成矩阵形式:

$$\boldsymbol{x}(k+1)=\begin{pmatrix} O_{k+1} \\ R_{k+1} \end{pmatrix}=\begin{pmatrix} 0.5 & 0.4 \\ -0.104 & 1.1 \end{pmatrix}\begin{pmatrix} O_k \\ R_k \end{pmatrix}=\boldsymbol{Ax}(k)\ (k=0, 1, 2, \cdots).$$

其中 $\boldsymbol{A}=\begin{pmatrix} 0.5 & 0.4 \\ -0.104 & 1.1 \end{pmatrix}$. 由此得

$$\boldsymbol{x}(k)=\boldsymbol{Ax}(k-1)=\boldsymbol{A}^2\boldsymbol{x}(k-2)=\cdots=\boldsymbol{A}^k\boldsymbol{x}(0)\ (k=0, 1, 2\cdots). \tag{4.10}$$

上式中如果矩阵 $\boldsymbol{A}$ 可对角化,那么利用 $\boldsymbol{A}$ 的特征值与特征向量,可将 $\boldsymbol{A}^k$ 的计算加以简化. 在数值计算中,可以用差商 $\dfrac{\Delta y}{\Delta t}$ 作为导数 $\dfrac{\mathrm{d}y}{\mathrm{d}t}$ 的近似值,当我们将两个连续时期的 y 值相比较时,有 $\Delta t=1$, 此时可以简化为 Δy,称为 y 的一阶差分,用符号 Δ 表示. 由

$$\begin{aligned} |\lambda\boldsymbol{E}-\boldsymbol{A}| &= \begin{vmatrix} \lambda-0.5 & -0.4 \\ 0.104 & \lambda-1.1 \end{vmatrix}=\lambda^2-1.6\lambda+0.591\,6 \\ &=(\lambda-1.02)(\lambda-0.58). \end{aligned}$$

可知,$\boldsymbol{A}$ 具有特征值 $\lambda_1=1.02$, $\lambda_2=0.58$ 是可对角化的,我们分别求得属于 λ_1, λ_2 的特征向量

$$\boldsymbol{v}_1=\begin{pmatrix} 10 \\ 13 \end{pmatrix}, \boldsymbol{v}_2=\begin{pmatrix} 5 \\ 1 \end{pmatrix},$$

它们线性无关,故向量组 $\boldsymbol{v}_1$, $\boldsymbol{v}_2$ 是 $\mathbf{R}^2$ 的一个极大线性无关组,$\mathbf{R}^2$ 中任一向量都可由 ν_1, ν_2 线性表示.

设初始向量 $\boldsymbol{x}(0)=c_1\boldsymbol{v}_1+c_2\boldsymbol{v}_2$, 则由式(4.10)得

$$\begin{aligned} \boldsymbol{x}(k)=\boldsymbol{A}^k\boldsymbol{x}(0) &= c_1\boldsymbol{A}^k\boldsymbol{v}_1+c_2\boldsymbol{A}^k\boldsymbol{v}_2=c_1\ (1.02)^k\boldsymbol{v}_1+c_2\ (0.58)^k\boldsymbol{v}_2 \\ &= c_1\ (1.02)^k\begin{pmatrix} 10 \\ 13 \end{pmatrix}+c_2\ (0.58)^k\begin{pmatrix} 5 \\ 1 \end{pmatrix}. \end{aligned}$$

上式中当 $k\rightarrow\infty$ 时,$(0.58)^k\rightarrow 0$. 假设 $c_1>0$, 则对所有的足够大的 k,有

$$\boldsymbol{x}(k) \approx c_1 (1.02)^k \begin{pmatrix} 10 \\ 13 \end{pmatrix}, \tag{4.11}$$

$$\boldsymbol{x}(k+1) \approx c_1 (1.02)^{k+1} \begin{pmatrix} 10 \\ 13 \end{pmatrix} = (1.02)c_1 (1.02)^k \begin{pmatrix} 10 \\ 13 \end{pmatrix} \approx 1.02x(k).$$

可见,最终 $\boldsymbol{x}(k)$ 的两个分量(即生物甲和生物乙的总数量)同时以每月 2%的增长率增长,而由式(4.11)可见, $\boldsymbol{x}(k)$ 近似于 $\begin{pmatrix} 10 \\ 13 \end{pmatrix}$ 的一个倍数,因而生物甲总数和生物乙总数之比近似于 10∶13,相当于每 10 只生物甲约有 13 000 只生物乙存在.

一般地,形如

$$\begin{cases} x_1(k) = a_{11}x_1(k-1) + a_{12}x_2(k-1) + b_1 \\ x_2(k) = a_{21}x_1(k-1) + a_{22}x_2(k-1) + b_2 \end{cases} \quad (k=0,\ 1,\ 2\cdots) \tag{4.12}$$

的方程组称为**二元线性差分方程组**. 若式(4.12)中常数项 b_1, b_2 都为零,那么就称方程组

$$\begin{cases} x_1(k) = a_{11}x_1(k-1) + a_{12}x_2(k-1) \\ x_2(k) = a_{21}x_1(k-1) + a_{22}x_2(k-1) \end{cases} \quad (k=0,\ 1,\ 2\cdots) \tag{4.13}$$

为**二元齐次线性差分方程组**. 下面主要讨论齐次线性差分方程组.

设

$$\boldsymbol{x}(k) = \begin{bmatrix} x_1(k) \\ x_2(k) \end{bmatrix},\ \boldsymbol{A} = \begin{bmatrix} a_{11} & a_{12} \\ a_{21} & a_{22} \end{bmatrix},$$

则式(4.13)可以写成矩阵的形式:

$$\boldsymbol{x}(k) = \boldsymbol{A}\boldsymbol{x}(k-1) \quad (k=0,\ 1,\ 2\cdots). \tag{4.14}$$

这是一个递推关系式,其中 $\boldsymbol{A}$ 是一个给定的方阵,称为**转移矩阵**.

上面生态模型的问题,实际上就是要求二元齐次线性差分方程组的解.

一般地,设 $\boldsymbol{A}$ 是 n 阶矩阵, $\boldsymbol{x}(k)$ 是 n 维列向量,满足 n 元齐次线性差分方程组(4.14)的 n 维向量列 $\{\boldsymbol{x}(k)\}$ 称为差分方程组(4.14)的一个解,也就是说,如果 $\{\boldsymbol{x}(k)\}$ 是式(4.14)的一个解,那么就有

$$\boldsymbol{x}(1) = \boldsymbol{A}\boldsymbol{x}(0),\ \boldsymbol{x}(2) = \boldsymbol{A}\boldsymbol{x}(1),\ \cdots,\ \boldsymbol{x}(k) = \boldsymbol{A}\boldsymbol{x}(k-1) \cdots$$

对于齐次线性差分方程组(4.14),我们将主要研究下面 3 个问题:

(1) 寻找用初始向量 $\boldsymbol{x}(0)$ 来表示 $\boldsymbol{x}(k)$ 的求解公式.

(2) 对于给定的初始向量 $\boldsymbol{x}(0)$,是否存在一个 n 维向量 $\boldsymbol{x}^*$ 使得

$$\lim_{k\to\infty}\boldsymbol{x}(k) = \boldsymbol{x}^*?$$

如果每个分量列 $\{x_i(k)\}$ 都有极限,即

$$\lim_{k\to\infty}\boldsymbol{x}_i(k) = \boldsymbol{x}_i^*\ (i=1,\ 2\cdots),$$

则称向量 $\boldsymbol{x}^* = \begin{pmatrix} x_1^* \\ x_2^* \end{pmatrix}$ 为向量列 $\{\boldsymbol{x}_i(k)\}$ 的极限，记为 $\lim\limits_{k\to\infty}\boldsymbol{x}(k)$.

(3) 假如 n 维向量列$\{\boldsymbol{x}_i(k)\}$有一个极限向量 $\boldsymbol{x}^*$，如何求出 $\boldsymbol{x}^*$？

通过以上问题的讨论，我们就可以了解向量列$\{\boldsymbol{x}_i(k)\}$的变化趋势.

由上面引例可以看到，利用 $\boldsymbol{A}$ 的特征值与特征向量，可以讨论向量列

$$\boldsymbol{x}(k) = \boldsymbol{A}^k\boldsymbol{x}(0), \tag{4.15}$$

即$\{\boldsymbol{x}(k)\}$的收敛性，以及在收敛的情况下求极限向量.

如果 n 阶矩阵 $\boldsymbol{A}$ 可对角化，那么 $\boldsymbol{A}$ 有 n 个线性无关的特征向量. 设 $\boldsymbol{\xi}_1, \boldsymbol{\xi}_2, \cdots, \boldsymbol{\xi}_n$ 分别是属于 $\boldsymbol{A}$ 的特征值 $\lambda_1, \lambda_2, \cdots, \lambda_n$ 的线性无关的特征向量，则它是 n 维向量空间 $\mathbf{R}^n$ 的一个极大线性无关组，故 $x(0)$可以由 $\boldsymbol{\xi}_1, \boldsymbol{\xi}_2, \cdots, \boldsymbol{\xi}_n$ 线性表示.

设

$$\boldsymbol{x}(0) = a_1\boldsymbol{\xi}_1 + a_2\boldsymbol{\xi}_2 + a_3\boldsymbol{\xi}_3 + \cdots, a_n\boldsymbol{\xi}_n, \tag{4.16}$$

将(4.16)代入(4.15)，得

$$\begin{aligned}\boldsymbol{x}(k) &= \boldsymbol{A}^k\boldsymbol{x}(0) = \boldsymbol{A}^k(a_1\boldsymbol{\xi}_1 + a_2\boldsymbol{\xi}_2 + \cdots + a_n\boldsymbol{\xi}_n) \\ &= a_1A^k\xi_1 + a_2A^k\xi_2 + a_3A^k\xi_3 + \cdots, a_nA^k\xi_n \\ &= a_1\lambda_1^k\xi_1 + a_2\lambda_2^k\xi_2 + a_3\lambda_3^k\xi_3 + \cdots, a_n\lambda_n^k\xi_n.\end{aligned} \tag{4.17}$$

利用式(4.17)，我们就可以按特征值 λ_i 的绝对值(或复数的模)的大小，来讨论向量列 $\{x(k)\}$ 收敛性与求极限向量.

上面引例中，转移矩阵 $\boldsymbol{A} = \begin{pmatrix} 0.5 & 0.4 \\ -0.104 & 1.1 \end{pmatrix}$ 的特征值 $\lambda_1 = 1.02 > 1$, $\lambda_2 = 0.58 < 1$，故当 $k\to\infty$ 时，$(1.02)^k\to\infty$, $(0.58)^k\to 0$，且

$$\boldsymbol{x}^{(k)} = c_1\,(1.02)^k\begin{pmatrix}10\\13\end{pmatrix} + c_2\,(0.58)^k\begin{pmatrix}5\\1\end{pmatrix}$$

的分量 O_k, $R_k\to\infty$，因而 $\{x^{(k)}\}$ 是发散的. 如果我们将猫头鹰的捕食参数由 0.104 增长到 0.2，则转移矩阵 $\boldsymbol{A} = \begin{pmatrix} 0.5 & 0.4 \\ -0.2 & 1.1 \end{pmatrix}$ 的特征值 $\lambda_1 = 0.9$, $\lambda_2 = 0.7$ 属于它们的特征向量分别为

$$\boldsymbol{v}_1 = \begin{pmatrix}1\\1\end{pmatrix},\ \boldsymbol{v}_2 = \begin{pmatrix}2\\1\end{pmatrix}.$$

设初始向量 $\boldsymbol{x}(0) = c_1\boldsymbol{v}_1 + c_2\boldsymbol{v}_2$，得

$$\boldsymbol{x}^{(k)} = c_1\,(0.9)^k\begin{pmatrix}1\\1\end{pmatrix} + c_2\,(0.7)^k\begin{pmatrix}2\\1\end{pmatrix}. \tag{4.18}$$

由式 4.18 知，当 $k\to\infty$ 时，$\boldsymbol{x}^{(k)}\to 0$，即$\{\boldsymbol{x}(k)\}$收敛于 0，即 $\lim\limits_{k\to\infty}\boldsymbol{x}(k) = 0$. 也就是说，生物

甲和生物乙最终都会灭绝.

例 4.7 某汽车出租公司在两个旅游城市 A 和 B 各有一个营业部,旅游者可在一个城市的营业部租车开往另一城市,然后把车还给设在另一城市的营业部. 根据以往的数据资料,可以假设: 每天 A 城营业部有 40%的出租车被租用,开往 B 城,B 城营业部有 30%的车辆被租用,开往 A 城. 一开始,在 A 城有 500 辆车可供出租,而在 B 城有 200 辆.

(1) 试建立描述两城营业部出租车辆数变化的数学模型.

(2) 对变化的长期趋势作出分析.

解 (1) 设 $\boldsymbol{x}_1(k)$ 和 $\boldsymbol{x}_2(k)$ 分别表 A 城和 B 城营业部第 k 天出租车辆数, $\boldsymbol{x}(k)=\begin{bmatrix}x_1(k)\\x_2(k)\end{bmatrix}$, 则可建立数学模型

$$\begin{cases}x_1(k+1)=0.6x_1(k)+0.3x_2(k),\\x_2(k+1)=0.4x_1(k)+0.7x_2(k),\end{cases}$$

即

$$\boldsymbol{x}(k)=\begin{pmatrix}0.6 & 0.3\\0.4 & 0.7\end{pmatrix}x(k-1),\ k=1,\ 2\cdots$$

(2) 由题设知, $\boldsymbol{x}_1(0)=500$, $\boldsymbol{x}_2(0)=200$, 代入上式,进行迭代(计算中"四舍五入法"取整),计算结果如表 4.1 所示:

表 4.1

k	0	1	2	3	4	5	6
$\boldsymbol{x}_1(k)$	500	360	318	305	302	301	300
$\boldsymbol{x}_2(k)$	200	340	382	395	398	399	400

由表 4.1 可以看出,只要 6 天就有 $\boldsymbol{x}_1(k)$ 接近 300, $\boldsymbol{x}_2(k)$ 接近 400. 因此,汽车出租公司的管理层不需重新安排 A 城和 B 城营业部的车辆数(即不需每隔若干天安排一些空车从一个城市开往另一个城市),市场将自动调节成 A 城市有 300 辆车供出租,B 城市有 400 辆车供出租.

我们也可通过计算 $\lim\limits_{k\to\infty}x(k)$, 来得到 $\{x(k)\}$ 变化的长期趋势. 由于矩阵 $\begin{pmatrix}0.6 & 0.3\\0.4 & 0.7\end{pmatrix}$ 有 2 个分别属于特征值 $\lambda_1=1$, $\lambda_2=0.3$ 的特征向量,它们分别为 $\boldsymbol{\xi}_1=\begin{pmatrix}3\\4\end{pmatrix}$, $\boldsymbol{\xi}_2=\begin{pmatrix}1\\-1\end{pmatrix}$.

$$\boldsymbol{x}(0)=\begin{pmatrix}500\\200\end{pmatrix}=100\boldsymbol{\xi}_1+200\boldsymbol{\xi}_2,$$

故

$$x^{(k)}=100\boldsymbol{\xi}_1+200\cdot(0.3)^k\boldsymbol{\xi}_2.$$

因此

$$\lim_{k\to\infty}x(k)=x^*=100\boldsymbol{\xi}_1=\begin{pmatrix}300\\400\end{pmatrix},$$

即随着 k 值无限增大，A 城、B 城营业部的出租车辆数分别趋近于 300 和 400.

习　题　4

1. 求下列向量的内积：

(1) $\boldsymbol{\alpha}=\begin{pmatrix}\frac{\sqrt{3}}{4}\\-\frac{1}{3}\\-\frac{\sqrt{3}}{2}\\1\end{pmatrix}$，$\boldsymbol{\beta}=\begin{pmatrix}-\frac{\sqrt{3}}{2}\\-\frac{\sqrt{3}}{2}\\\frac{2}{3}\end{pmatrix}$.　　(2) $\boldsymbol{\alpha}=\begin{pmatrix}-1\\1\\0\\1\end{pmatrix}$，$\boldsymbol{\beta}=\begin{pmatrix}-2\\2\\1\\-3\end{pmatrix}$.

2. 将下列向量单位化：

(1) $\boldsymbol{\alpha}=\begin{pmatrix}\frac{1}{3}\\\frac{1}{2}\\0\\-1\end{pmatrix}$.　　(2) $\boldsymbol{\beta}=\begin{pmatrix}\frac{\sqrt{2}}{2}\\0\\\frac{1}{3}\\\frac{\sqrt{6}}{6}\end{pmatrix}$.

3. 求下列向量 α 与 β 的夹角：

(1) $\boldsymbol{\alpha}=(1, 1, 1, 2)$，$\boldsymbol{\beta}=(3, 1, -1, 0)$.

(2) $\boldsymbol{\alpha}=(2, 1, 3, 2)$，$\boldsymbol{\beta}=(1, 2, -2, 1)$.

4. 试用施密特法把下列向量组标准正交化：

(1) $\boldsymbol{a}_1=\begin{pmatrix}1\\2\\-1\end{pmatrix}$，$\boldsymbol{a}_2=\begin{pmatrix}-1\\3\\1\end{pmatrix}$，$\boldsymbol{a}_3=\begin{pmatrix}4\\-1\\0\end{pmatrix}$.

(2) $\boldsymbol{a}_1=\begin{pmatrix}1\\1\\1\end{pmatrix}$，$\boldsymbol{a}_2=\begin{pmatrix}0\\1\\2\end{pmatrix}$，$\boldsymbol{a}_3=\begin{pmatrix}2\\0\\3\end{pmatrix}$.

5. 判别下列矩阵是不是正交矩阵？

(1) $\begin{pmatrix} 1 & -\frac{1}{2} & \frac{1}{3} \\ -\frac{1}{2} & 1 & \frac{1}{2} \\ \frac{1}{3} & \frac{1}{2} & 1 \end{pmatrix}$.　　(2) $\begin{pmatrix} \frac{1}{\sqrt{2}} & -\frac{1}{\sqrt{2}} \\ \frac{1}{\sqrt{2}} & \frac{1}{\sqrt{2}} \end{pmatrix}$.

6. 设 α 是 $\mathbf{R}^n$ 中的单位向量，n 阶矩阵 $\boldsymbol{A}=E-2\alpha\alpha^{\mathrm{T}}$. 证明：$\boldsymbol{A}$ 是对称的正交矩阵.

7. 求下列矩阵的特征值和特征向量：

(1) $\begin{pmatrix} 3 & 4 \\ 5 & 2 \end{pmatrix}$.　　(2) $\begin{pmatrix} 0 & 0 & 1 \\ 0 & 1 & 0 \\ 1 & 0 & 0 \end{pmatrix}$.

(3) $\begin{pmatrix} 2 & -1 & 2 \\ 5 & -3 & 3 \\ -1 & 0 & -2 \end{pmatrix}$.　　(4) $\begin{pmatrix} 1 & 1 & 1 & 1 \\ 1 & 1 & 1 & 1 \\ 1 & 1 & 1 & 1 \\ 1 & 1 & 1 & 1 \end{pmatrix}$.

8. 设二阶实对称矩阵 $\boldsymbol{A}$ 的一个特征值为 1，$\boldsymbol{A}$ 的属于特征值 1 的特征向量为 $(1, -1)^{\mathrm{T}}$. 如果 $|\boldsymbol{A}|=-2$，求 $\boldsymbol{A}$.

9. 设矩阵 $\boldsymbol{A}=\begin{pmatrix} 1 & -2 & -4 \\ -2 & x & -2 \\ -4 & -2 & 1 \end{pmatrix}$ 与 $\boldsymbol{\Lambda}=\begin{pmatrix} 5 & & \\ & y & \\ & & -4 \end{pmatrix}$ 相似，求 x，y.

10. 若矩阵 $\boldsymbol{A}=\begin{pmatrix} 2 & 2 & 0 \\ 8 & 2 & a \\ 0 & 0 & 6 \end{pmatrix}$ 相似于对角矩阵 $\boldsymbol{\Lambda}$，试确定常数 a 的值，并求可逆矩阵 $\boldsymbol{P}$ 使得 $\boldsymbol{P}^{-1}\boldsymbol{A}\boldsymbol{P}=\boldsymbol{\Lambda}$.

11. 已知 3 阶方阵 $\boldsymbol{A}$ 的特征值为 -1，1，2. 设 $\boldsymbol{B}=\boldsymbol{A}^3-5\boldsymbol{A}^2$，试求：

(1) $\boldsymbol{B}$ 的特征值.

(2) $|\boldsymbol{B}|$ 以及 $|\boldsymbol{A}-5\boldsymbol{E}|$.

12. 求一个正交的相似变换矩阵 $\boldsymbol{T}$，使 $\boldsymbol{T}^{-1}\boldsymbol{A}\boldsymbol{T}$ 成对角矩阵：

(1) $\begin{pmatrix} 1 & -2 & 2 \\ -2 & -2 & 4 \\ 2 & 4 & -2 \end{pmatrix}$.　　(2) $\begin{pmatrix} 3 & 0 & 6 \\ 0 & 9 & 0 \\ 6 & 0 & 3 \end{pmatrix}$.

13. 已知 $\boldsymbol{A}=\begin{pmatrix} -1 & 1 & 0 \\ -2 & 2 & 0 \\ 4 & x & 1 \end{pmatrix}$ 可对角化，求 $\boldsymbol{A}^n$.

14. 设三阶实对称矩阵 $\boldsymbol{A}$ 的秩为 2, $\lambda_1=\lambda_2=6$ 是 $\boldsymbol{A}$ 的二重特征值. 若 $\boldsymbol{\alpha}_1=(1,\ 0,\ 1)^{\mathrm{T}}$, $\boldsymbol{\alpha}_2=(2,\ 1,\ 1)^{\mathrm{T}}$, $\boldsymbol{\alpha}_3=(-1,\ 2,\ -3)^{\mathrm{T}}$ 都是 $\boldsymbol{A}$ 的属于特征值 6 的特征向量.

(1) 求 $\boldsymbol{A}$ 的另一特征值和特征向量.

(2) 求矩阵 $\boldsymbol{A}$.

15. 已知 $\boldsymbol{A}$, $\boldsymbol{B}$ 均为 n 阶矩阵,且 $\boldsymbol{A}$ 可逆,证明: $\boldsymbol{AB}$ 与 $\boldsymbol{BA}$ 具有相同的特征值.

16. 证明: 若 $\boldsymbol{A}=(a_{ij})_{n\times n}$ 是正交矩阵,则 $\boldsymbol{A}^{\mathrm{T}}$, $\boldsymbol{A}^{-1}$, $\boldsymbol{A}^{*}$ 均是正交矩阵.

17. 某一地区有三个加油站,根据汽油的价格,顾客会从一个加油站换到另一个加油站,在每个月底顾客迁移的概率矩阵 $\boldsymbol{A}=\begin{pmatrix}0.44 & 0.35 & 0.35\\ 0.14 & 0.35 & 0.10\\ 0.42 & 0.30 & 0.55\end{pmatrix}$, 这里 $\boldsymbol{A}$ 的元素 a_{ij} 表示一个顾客从第 j 个加油站迁移到第 i 个加油站的概率.

(1) 求矩阵的特征值与特征向量.

(2) 如果 4 月 1 日,顾客去加油站Ⅰ、Ⅱ、Ⅲ的市场份额为 $\left(\frac{1}{3}\quad \frac{1}{2}\quad \frac{1}{6}\right)^{\mathrm{T}}$, 请找出当年 5 月 1 日、12 月 1 日顾客去加油站Ⅰ、Ⅱ、Ⅲ的市场份额.

18. 商场中装置日光灯管 1 000 支,每支灯管的使用寿命不全相同. 根据资料: 每批新灯管中有 30%使用寿命 1 年,50%使用寿命 2 年,20%使用寿命 3 年,试求每年替换新灯管数.

第 5 章　二 次 型

5.1　实 二 次 型

在平面解析几何中，当坐标原点与中心重合时的有心二次曲线方程的一般形式是

$$ax^2+bxy+cy^2=d.$$

方程左端是一个二次齐次多项式，为了便于研究二次曲线的性质，常需要将坐标系绕原点旋转消去其中的非平方项，把它化成只含有平方项的二次齐次式 AX^2+BY^2.

对于一般的 n 元二次齐次多项式即所谓的二次型，也可以实施某些线性变换把它化成只有平方项的形式.

5.1.1　实二次型的概念及其矩阵

定义 5.1　(二次型) 含有 n 个变量 $x_1, x_2, \cdots, x_n$ 的二次齐次函数

$$\begin{aligned}f(x_1, x_2, \cdots, x_n)=&a_{11}x_1^2+a_{22}x_2^2+\cdots+a_{nn}x_n^2+2a_{12}x_1x_2+\\&2a_{13}x_1x_3+\cdots+2a_{n-1,n}x_{n-1}x_n\end{aligned}\tag{5.1}$$

称为关于变量 $x_1, x_2, \cdots, x_n$ 的一个 n 元二次型. 若 a_{ij} 均为实数时，如上的一个二次型称为**实二次型**；当 a_{ij} 为复数时称为**复二次型**. 本节仅讨论实二次型.

下面给出二次型的矩阵表达式. 因为 $x_ix_j=x_jx_i$，所以当 $i\neq j$ 时，$2a_{ij}x_ix_j$ 也可记为 $a_{ij}x_ix_j$ 与 $a_{ji}x_jx_i$ 的和，其中 $a_{ij}=a_{ji}$ 从而二次型唯一地对应一个实对称矩阵

$$\boldsymbol{A}=(a_{ij}),\ a_{ij}=a_{ji}(i, j=1, 2, \cdots, n).$$

并称矩阵 $\boldsymbol{A}$ 为实二次型矩阵，矩阵 $\boldsymbol{A}$ 的秩为**二次型的秩**.

实二次型也可以表示为矩阵形式

$$f(x_1, x_2, \cdots, x_n)=(x_1, x_2, \cdots, x_n)\begin{pmatrix}a_{11} & a_{12} & \cdots & a_{1n}\\ a_{21} & a_{22} & \cdots & a_{2n}\\ \vdots & \vdots & & \vdots\\ a_{n1} & a_{n2} & \cdots & a_{nn}\end{pmatrix}\begin{pmatrix}x_1\\ x_2\\ \vdots\\ x_n\end{pmatrix}=\boldsymbol{x}^{\mathrm{T}}\boldsymbol{A}\boldsymbol{x},\tag{5.2}$$

其中 $\boldsymbol{x}=(x_1, x_2, \cdots, x_n)^{\mathrm{T}}$.

二次型 f 与对称矩阵 $\boldsymbol{A}$ 之间是一一对应的. 给定一个二次型 f,就有唯一的对称矩阵 $\boldsymbol{A}$ 与之对应;反之,给定一个对称矩阵 $\boldsymbol{A}$,就有唯一的一个二次型 $\boldsymbol{X}^{\mathrm{T}}\boldsymbol{A}\boldsymbol{X}$ 与其对应.

例 5.1　(1) 将二次型 $f(x_1, x_2, x_3)=2x_1^2+3x_2^2-x_3^2+6x_1x_2-5x_1x_3+x_2x_3$ 写成矩阵形式.

(2) 设 $\boldsymbol{A}=\begin{pmatrix}1 & 1 & 2\\ 1 & 1 & -1\\ 2 & -1 & 1\end{pmatrix}$,求 $\boldsymbol{A}$ 对应的二次型.

解　(1) $f(x_1, x_2, x_3)=(x_1, x_2, x_3)\begin{pmatrix}2 & 3 & -\dfrac{5}{2}\\ 3 & 3 & \dfrac{1}{2}\\ -\dfrac{5}{2} & \dfrac{1}{2} & -1\end{pmatrix}\begin{pmatrix}x_1\\ x_2\\ x_3\end{pmatrix}$.

(2) $f(x_1, x_2, x_3)=x_1^2+x_2^2+x_3^2+2x_1x_2+4x_1x_3-2x_2x_3$.

5.1.2　化实二次型为标准型

定义 5.2　(二次型的标准形) 若二次型中只含有完全平方项,即

$$f=a_1y_1^2+a_2y_2^2+\cdots+a_ny_n^2,$$

则称二次型 f 为二次型的标准形.

标准形所对应的矩阵形式为

$$f=\boldsymbol{y}^{\mathrm{T}}\boldsymbol{\Lambda}\boldsymbol{y}=(y_1, y_2, \cdots, y_n)\begin{pmatrix}a_1 & & & \\ & a_2 & & \\ & & \ddots & \\ & & & a_n\end{pmatrix}\begin{pmatrix}y_1\\ y_2\\ \vdots\\ y_n\end{pmatrix}. \tag{5.3}$$

定义 5.3　(线性变换) 关系式

$$\begin{cases}x_1=c_{11}y_1+c_{12}y_2+\cdots+c_{1n}y_n\\ x_2=c_{21}y_1+c_{22}y_2+\cdots+c_{2n}y_n\\ \vdots \quad\quad \vdots \quad\quad\quad \vdots \quad\quad\quad\quad \vdots\\ x_n=c_{n1}y_1+c_{n2}y_2+\cdots+c_{nn}y_n\end{cases} \tag{5.4}$$

称为由变量 $x_1, x_2, \cdots, x_n$ 到 $y_1, y_2, \cdots, y_n$ 的一个线性变换,而矩阵

$$C=\begin{pmatrix} c_{11} & c_{12} & \cdots & c_{1n} \\ c_{21} & c_{22} & \cdots & c_{2n} \\ \vdots & \vdots & & \vdots \\ c_{n1} & c_{n1} & \cdots & c_{nn} \end{pmatrix}$$

称为线性变换的系数矩阵. 如果 C 是可逆的,称上述变换为可逆线性变换;如果线性变换矩阵是正交矩阵,则称为正交线性变换.

对于二次型,讨论的主要问题是,如何寻求可逆的线性变换

$$\begin{cases} x_1=c_{11}y_1+c_{12}y_2+\cdots+c_{1n}y_n \\ x_2=c_{21}y_1+c_{22}y_2+\cdots+c_{2n}y_n \\ \vdots \quad\quad \vdots \quad\quad \vdots \quad\quad\quad \vdots \\ x_n=c_{n1}y_1+c_{n2}y_2+\cdots+c_{nn}y_n \end{cases}$$

使二次型 $f(x_1, x_2, \cdots, x_n)$ 化为标准形.

下面将具体介绍化二次型为标准形的三种方法:

1. 用正交变换化二次型为标准形

正交变换法就是对二次型施行正交变换 $x=Py$, 使二次型化为标准型,这种方法的理论依据基于下面的定理 5.1.

定理 5.1 任给二次型 $f(x_1, x_2, \cdots, x_n)=x^{\mathrm{T}}Ax$, 总有正交变换 $x=Py$ (P 为正交矩阵),使 f 化为标准形

$$f=\lambda_1 y_1^2+\lambda_2 y_2^2+\cdots+\lambda_n y_n^2.$$

其中 $\lambda_1, \lambda_2, \cdots, \lambda_n$ 是 f 的矩阵 $A=(a_{ij})$ 的特征值.

注意:将二次型 $f=x^{\mathrm{T}}Ax$ (其中 $A^{\mathrm{T}}=A$)化为标准形,就是求一个满秩线性变换 $x=Py$, 使 $f=x^{\mathrm{T}}Ax=(Py)^{\mathrm{T}}A(Py)=y^{\mathrm{T}}(P^{\mathrm{T}}AP)y=y^{\mathrm{T}}\Lambda y$.

例 5.2 用正交变换法,将二次型

$$f(x_1, x_2, x_3)=x_1^2+x_2^2+x_3^2+4x_1x_2+4x_2x_3+4x_1x_3$$

化为标准形,并求出交换矩阵.

解 二次型 f 的系数矩阵为 $A=\begin{pmatrix} 1 & 2 & 2 \\ 2 & 1 & 2 \\ 2 & 2 & 1 \end{pmatrix}$,

其特征多项式

$$|\lambda E-A|=(\lambda+1)^2(\lambda-5)=0,$$

解得特征值 $\lambda_1=5, \lambda_2=\lambda_3=-1$.

对 $\lambda_1=5$, 齐次线性方程组 $(5E-A)X=0$ 的基础解系为

$$\xi_1=\begin{pmatrix} 1 \\ 1 \\ 1 \end{pmatrix},$$

对 $\lambda_2=\lambda_3=-1$，齐次线性方程组 $(-\boldsymbol{E}-\boldsymbol{A})\boldsymbol{X}=0$ 的基础解系为

$$\boldsymbol{\xi}_2=\begin{pmatrix}1\\-1\\0\end{pmatrix},\ \boldsymbol{\xi}_3=\begin{pmatrix}1\\0\\-1\end{pmatrix}.$$

将 $\boldsymbol{\xi}_1$ 单位化，$\boldsymbol{\xi}_2$，$\boldsymbol{\xi}_3$ 正交化、单位化，得

$$\boldsymbol{\eta}_1=\begin{pmatrix}\frac{\sqrt{3}}{3}\\\frac{\sqrt{3}}{3}\\\frac{\sqrt{3}}{3}\end{pmatrix},\ \boldsymbol{\eta}_2=\begin{pmatrix}\frac{\sqrt{2}}{2}\\-\frac{\sqrt{2}}{2}\\0\end{pmatrix},\ \boldsymbol{\eta}_3=\begin{pmatrix}\frac{\sqrt{6}}{6}\\\frac{\sqrt{6}}{6}\\-\frac{\sqrt{6}}{3}\end{pmatrix}.$$

令 $\boldsymbol{P}=(\boldsymbol{\eta}_1,\ \boldsymbol{\eta}_2,\ \boldsymbol{\eta}_3)$，则 $\boldsymbol{P}$ 为正交矩阵，且 $\boldsymbol{P}^{\mathrm{T}}\boldsymbol{A}\boldsymbol{P}=\begin{pmatrix}5&&\\&-1&\\&&-1\end{pmatrix}$，即经过正交变换

$$\begin{pmatrix}x_1\\x_2\\x_3\end{pmatrix}=\begin{pmatrix}\frac{\sqrt{3}}{3}&\frac{\sqrt{2}}{2}&\frac{\sqrt{6}}{6}\\\frac{\sqrt{3}}{3}&-\frac{\sqrt{2}}{2}&\frac{\sqrt{6}}{6}\\\frac{\sqrt{3}}{3}&0&-\frac{\sqrt{6}}{3}\end{pmatrix}\begin{pmatrix}y_1\\y_2\\y_3\end{pmatrix},$$

使得该二次型化成标准型 $f=5y_1^2-y_2^2-y_3^2$.

2. 用配方法化二次型为标准形

用正交变换化二次型为标准形，具有保持几何形状不变的优点. 如果只要求变换是一个线性变换，而不限于正交变换，那么配方法就是一个常用的方法. 配方法是一种配完全平方的初等方法，主要分以下两种情况：

(1) 如果二次型 $f(x_1,\ x_2,\ \cdots,\ x_n)$ 中，某个变量平方项的系数不为零，比如，$a_{11}\neq 0$，先将含 x_1 的所有因子都配成平方项，然后再对其他含平方项的变量配方，直到全配成平方的形式.

(2) 如果二次型 $f(x_1,\ x_2,\ \cdots,\ x_n)$ 中没有平方项，而有某个 $a_{ij}\neq 0$，则可以作线性变换

$$\begin{cases}x_i=y_i+y_j,\\x_j=y_i-y_j,\\x_k=y_k,\ k\neq i,\ j,\end{cases}$$

化成含有平方项的二次型，然后再配方.

例 5.3 用配方法把二次型

$$f(x_1,x_2,x_3)=2x_1^2+3x_2^2+x_3^2+4x_1x_2-4x_1x_3-8x_2x_3 \tag{5.5}$$

化为标准形,并求所用的坐标变换 $\boldsymbol{x}=\boldsymbol{C}\boldsymbol{y}$ 及变换矩阵 $\boldsymbol{C}$.

解 先按 x_1^2 及含有 x_1 的混合项配成完全平方,即

$$\begin{aligned} f(x_1,x_2,x_3)&=2[x_1^2+2x_1(x_2-x_3)+(x_2-x_3)^2]- \\ &\quad 2(x_2-x_3)^2+3x_2^2+x_3^2-8x_2x_3 \\ &=2(x_1+x_2-x_3)^2+x_2^2-x_3^2-4x_2x_3. \end{aligned} \tag{5.6}$$

在式(5.6)中,再按 $x_2^2-4x_2x_3$ 配成完全平方,于是

$$f(x_1,x_2,x_3)=2(x_1+x_2-x_3)^2+(x_2-2x_3)^2-5x_3^2. \tag{5.7}$$

令
$$\begin{cases} y_1=x_1+x_2-x_3, \\ y_2=x_2-2x_3, \\ y_3=x_3. \end{cases} \tag{5.8}$$

将式(5.8)代入式(5.7),得二次型的标准形

$$f=2y_1^2+y_2^2-5y_3^2. \tag{5.9}$$

从式(5.8)中可解出

$$\begin{cases} x_1=y_1-y_2-y_3, \\ x_2=y_2+2y_3, \\ x_3=y_3. \end{cases} \tag{5.10}$$

式(5.10)是化二次型(5.7)为标准形所做的坐标变换 $\boldsymbol{x}=\boldsymbol{C}\boldsymbol{y}$,其中变换矩阵

$$\boldsymbol{C}=\begin{pmatrix} 1 & -1 & -1 \\ 0 & 1 & 2 \\ 0 & 0 & 1 \end{pmatrix} \quad (|\boldsymbol{C}|=1\neq 0).$$

例 5.4 用配方法化二次型 $f(x_1,x_2,x_3)=2x_1x_2+4x_1x_3$ 为标准形,并求所作的坐标变换.

解 因为二次型 f 中不含平方项,无法配方,故先做一个坐标变换,使其出现平方项由于含有 x_1x_2 项,利用平方差公式,令

$$\begin{cases} x_1=y_1+y_2, \\ x_2=y_1-y_2, \\ x_3=y_3. \end{cases} \tag{5.11}$$

将式(5.11)代入二次型可得

$$f=2(y_1+y_2)(y_1-y_2)+4(y_1+y_2)y_3=2y_1^2-2y_2^2+4y_1y_3+4y_2y_3.$$

再配方，得 $f=2(y_1+y_3)^2-2(y_2-y_3)^2$，令 $\begin{cases}z_1=y_1+y_3\\ z_2=y_2-y_3\\ z_3=y_3\end{cases}$，即

$$\begin{cases}y_1=z_1-z_3,\\ y_2=z_2+z_3,\\ y_3=z_3.\end{cases}\tag{5.12}$$

即有

$$f=2z_1^2-2z_2^2.\tag{5.13}$$

将二次型化为标准形，作了式(5.11)和式(5.12)所示的两次坐标变换，将它们分别记作 $\boldsymbol{x}=\boldsymbol{C}_1\boldsymbol{y}$，$\boldsymbol{y}=\boldsymbol{C}_2\boldsymbol{z}$，其中

$$\boldsymbol{C}_1=\begin{pmatrix}1&1&0\\1&-1&0\\0&0&1\end{pmatrix},\ \boldsymbol{C}_2=\begin{pmatrix}1&0&-1\\0&1&1\\0&0&1\end{pmatrix},\ \boldsymbol{x}=\begin{pmatrix}x_1\\x_2\\x_3\end{pmatrix},\ \boldsymbol{y}=\begin{pmatrix}y_1\\y_2\\y_3\end{pmatrix},\ \boldsymbol{z}=\begin{pmatrix}z_1\\z_2\\z_3\end{pmatrix}.$$

于是 $x=(\boldsymbol{C}_1\boldsymbol{C}_2)z$ 就是二次型化为标准形式(5.13)所作的坐标变化，其中变换矩阵

$$\boldsymbol{C}=\boldsymbol{C}_1\boldsymbol{C}_2=\begin{pmatrix}1&1&0\\1&-1&0\\0&0&1\end{pmatrix}\begin{pmatrix}1&0&-1\\0&1&1\\0&0&1\end{pmatrix}=\begin{pmatrix}1&1&0\\1&-1&-2\\0&0&1\end{pmatrix}.\ (|\boldsymbol{C}|=-2\neq 0)$$

5.2 正定二次型

由上一节可知，二次型的标准形中所含的项数是确定的，但其形式不是唯一的. 一般来说，非零的二次型有无穷多种标准形. 那么不同的标准形之间究竟有何关系呢？为了讨论这个问题，我们需要引入一种最简单的二次型，下面的惯性定理将给出答案.

定义 5.4 （二次型的规范型） 形如

$$z_1^2+z_2^2+\cdots+z_p^2-z_{p+1}^2-\cdots-z_r^2,\ r\leqslant n$$

的标准形为二次型的规范型.

任何一个二次型都可以化成规范形.

定理 5.2 （惯性定理） 任何一个实二次型都可以经过实系数的可逆线性变换化为规范形，且规范形是唯一的.（证明略）

实二次型的规范形中，正平方项的个数 p 称为**正惯性指数**，负平方项的个数 $r-p$ 称为**负惯性指数**，正惯性指数与负惯性指数称为二次型的**符号差**.

下面，我们将要讨论一种重要的实二次型——正定二次型，并讨论它的判别方法.

定义 5.5 设 $\boldsymbol{A}$ 为实对称矩阵，对应的二次型为 $f(x_1, x_2, \cdots, x_n)=\boldsymbol{X}^{\mathrm{T}}\boldsymbol{A}\boldsymbol{X}$. 如果对

于任意的非零向量 $\boldsymbol{x}=(x_1, x_2, \cdots, x_n)^{\mathrm{T}}$，恒有

$$f(x_1, x_2, \cdots x_n)=\boldsymbol{x}^{\mathrm{T}}\boldsymbol{A}\boldsymbol{x}>0,$$

则称二次型 $f(x_1, x_2, \cdots, x_n)$ 为正定二次型，正定二次型的矩阵 $\boldsymbol{A}$ 称为正定矩阵.

定理 5.3 二次型 $f(y_1, y_2, \cdots, y_n)=d_1y_1^2+d_2y_2^2+\cdots+d_ny_n^2$ 正定的充分必要条件是特征值

$$d_i>0 \quad (i=1, 2, \cdots, n).$$

证明 充分性是显然的.

必要性(用反证法证明)：倘若 $d_i \leqslant 0$，取 $y_i=1$, $y_j=0$ $(j \neq i)$，代入二次型，得

$$f(0, \cdots, 0, 1, 0, \cdots, 0)=d_i \leqslant 0,$$

与二次型 $f(y_1, y_2, \cdots, y_n)$ 正定矛盾. 所以 $d_i>0$.

推论 5.1 实二次型 $f(x_1, x_2, \cdots, x_n)$ 正定的充分必要条件是它的正惯性指数为 n.

推论 5.2 正定矩阵的行列式大于零.

下面不加证明地给出判别二次型的正定性的几个重要结论：

定理 5.4 实二次型 $f=\boldsymbol{x}^{\mathrm{T}}\boldsymbol{A}\boldsymbol{x}$ 为正定的充分必要条件是：它的标准形的 n 个系数全为正.

推论 5.3 对称矩阵 $\boldsymbol{A}$ 为正定的充分必要条件是：$\boldsymbol{A}$ 的特征值全为正.

例 5.5 判断二次型

$$f(x_1, x_2, x_3)=3x_1^2+x_2^2+3x_3^2-4x_1x_2-4x_1x_3+4x_2x_3$$

是否是正定二次型.

解 任何一个二次型都可用正交变换法或配方法判断其正定性，但有时也可考虑用特征值判定. 本题二次型对应的矩阵为 $\boldsymbol{A}=\begin{pmatrix}3 & -2 & -2\\ -2 & 1 & 2\\ -2 & 2 & 3\end{pmatrix}$.

由

$$|\boldsymbol{A}-\lambda\boldsymbol{E}|=\begin{vmatrix}3-\lambda & -2 & -2\\ -2 & 1-\lambda & 2\\ -2 & 2 & 3-\lambda\end{vmatrix}=(1-\lambda)(\lambda^2-6\lambda-3),$$

得 $\boldsymbol{A}$ 的特征值：$\lambda_1=1$，$\lambda_2=3+2\sqrt{3}$，$\lambda_3=3-2\sqrt{3}<0$，所以 $\boldsymbol{A}$ 不是正定矩阵，从而二次型也不是正定的.

此题由正定二次型的定义也容易判定其非正定性. 因为当 $x_1=1$, $x_2=1$, $x_3=0$ 时，二次型 $f(1, 1, 0)=0$，不大于零.

下面给出的是从二次型矩阵 $\boldsymbol{A}$ 的子式来判别二次型 $\boldsymbol{x}^{\mathrm{T}}\boldsymbol{A}\boldsymbol{x}$ 正定的一个充分必要条件.

定理 5.5　二次型 $\boldsymbol{x}^{\mathrm{T}}\boldsymbol{A}\boldsymbol{x}$ 为正定的充分必要条件是：$\boldsymbol{A}$ 的各阶(顺序)主子式全大于零，即

$$a_{11}>0,\ \begin{vmatrix} a_{11} & a_{12} \\ a_{21} & a_{22} \end{vmatrix}>0,\ \cdots,\ \begin{vmatrix} a_{11} & \cdots & a_{1n} \\ \vdots & & \vdots \\ a_{n1} & \cdots & a_{nn} \end{vmatrix}>0.$$

二次型为负定的充分必要条件是：$\boldsymbol{A}$ 的奇数阶主子式为负，而偶数阶主子式为正，即

$$(-1)^r\begin{vmatrix} a_{11} & \cdots & a_{1r} \\ \vdots & & \vdots \\ a_{r1} & \cdots & a_{rr} \end{vmatrix}>0,\ (r=1,\ 2,\ \cdots,\ n),$$

这个定理称为霍尔维茨定理.

例 5.6　判别二次型 $f(x_1,\ x_2,\ x_3)=5x_1^2+3x_2^2+x_3^2-4x_1x_2-2x_2x_3$ 的正定性.

解　二次型 f 对应的矩阵为

$$\boldsymbol{A}=\begin{pmatrix} 5 & -2 & 0 \\ -2 & 3 & -1 \\ 0 & -1 & 1 \end{pmatrix},$$

而 $\boldsymbol{A}$ 的各阶主子式为

$$a_{11}=5>0,\ \begin{vmatrix} a_{11} & a_{12} \\ a_{21} & a_{22} \end{vmatrix}=\begin{vmatrix} 5 & -2 \\ -2 & 3 \end{vmatrix}=11>0,$$

$$|\boldsymbol{A}|=\begin{vmatrix} 5 & -2 & 2 \\ -2 & 3 & -1 \\ 0 & -1 & 1 \end{vmatrix}=6>0.$$

所以二次型 f 为正定的.

例 5.7　判别二次型 $f(x_1,\ x_2,\ x_3)=-5x_1^2-6x_2^2-4x_3^2+4x_1x_2+4x_1x_3$ 的正定性.

解　二次型 f 对应的矩阵为

$$\boldsymbol{A}=\begin{pmatrix} -5 & 2 & 2 \\ 2 & -6 & 0 \\ 2 & 0 & -4 \end{pmatrix},$$

而 $\boldsymbol{A}$ 的各阶主子式为

$$a_{11}=-5<0,\ \begin{vmatrix} a_{11} & a_{12} \\ a_{21} & a_{22} \end{vmatrix}=\begin{vmatrix} -5 & 2 \\ 2 & -6 \end{vmatrix}=26>0,$$

$$|\boldsymbol{A}|=\begin{vmatrix}-5 & 2 & 2\\ 2 & -6 & 0\\ 2 & 0 & -4\end{vmatrix}=-80<0,$$

所以二次型 f 为负定的.

5.3 经济数学模型分析

在经济学中,最大化目标(如厂商利润最大化、消费者效用最大化等)或最小化目标(如在给定产出下使成本最小化等)是常见的最优化问题. 下面,我们将介绍两种情况下的最优化问题的模型.

5.3.1 多变量的目标函数的极值: 利润最大化问题

例 5.8 设某商场上商品 1 和商品 2 的价格分别为 $P_{10}=18$ 和 $P_{20}=12$,那么两个商品厂商的收益函数为

$$R=R(Q_1,Q_2)=P_{10}Q_1+P_{20}Q_2=18Q_1+12Q_2.$$

其中 Q_i 表示单位时间内产品 i 的产出水平. 假设这两种商品在生产上存在技术的相关性,厂商的成本函数是自变量 Q_1, Q_2 的二元函数

$$C=C(Q_1,Q_2)=2Q_1^2+2Q_1Q_2+Q_2^2, \tag{5.14}$$

那么厂商的利润函数为

$$\pi=R-C=18Q_1+12Q_2-2Q_1^2-2Q_1Q_2-Q_2^2 \tag{5.15}$$

现在的问题是求使目标函数 $\pi(Q_1,Q_2)$ 最大化的产出水平 $\bar{Q}_1$, $\bar{Q}_2$ 的组合. 在微积分中,我们已经得到了判定二元函数 $f(x,y)$极值存在的充分条件. 由于 $\pi(Q_1,Q_2)$ 是一个二元二次函数,下面我们用更简单的代数方法——配方法来求其最大值.

由于

$$\begin{aligned}\pi&=-2Q_1^2-2Q_1Q_2-Q_2^2+18Q_1+12Q_2\\&=\boldsymbol{Q}^{\mathrm{T}}\begin{pmatrix}-2 & -1\\ -1 & -1\end{pmatrix}\boldsymbol{Q}-2\boldsymbol{Q}^{\mathrm{T}}\begin{pmatrix}-9\\ -6\end{pmatrix}.\end{aligned}$$

其中,$\boldsymbol{Q}=\begin{bmatrix}Q_1\\ Q_2\end{bmatrix}$,$\boldsymbol{K}=\begin{pmatrix}-2 & -1\\ -1 & -1\end{pmatrix}$ 的顺序主子式为-2, $|\boldsymbol{K}|=1$,故 K 是负定的,且 x 的最大值向量为

$$\boldsymbol{Q}^*=\begin{pmatrix}-2 & -1\\ -1 & -1\end{pmatrix}^{-1}\begin{pmatrix}-9\\ -6\end{pmatrix}=\begin{pmatrix}-1 & 1\\ 1 & -2\end{pmatrix}\begin{pmatrix}-9\\ -6\end{pmatrix}=\begin{pmatrix}3\\ 3\end{pmatrix}.$$

因此,当单位时间的产出水平为 $\bar{Q}_1=3$, $\bar{Q}_2=3$ 时,单位时间的利润达到最大值

$$\pi(\bar{Q}_1, \bar{Q}_2)=-18-18-9+54+36=45.$$

一元二次函数最值的配方法可以推广到多元二次函数,得到

$$p(x)=p(x_1, x_2, \cdots, x_n)=\sum_{i,j=1}^{n} k_{ij}x_ix_j-2\sum_{i=1}^{n} f_ix_i+c. \tag{5.16}$$

我们有下面的定理:

定理 5.6 (最值的充分条件) 如果 $\boldsymbol{K}$ 为正定(负定)矩阵,那么二次函数

$$p(x)=x^{\mathrm{T}}\boldsymbol{K}x-2x^{\mathrm{T}}f+c$$

有唯一的最小(最大)值向量 $x^*=\boldsymbol{K}^{-1}f$, 它的最小(最大)值为

$$p(x^*)=p(K^{-1}f)=c-(x^*)^{\mathrm{T}}\boldsymbol{K}x^*. \tag{5.17}$$

例 5.9 某公司收入 R 是以下两种可控决策量的函数: 设 x_1 表示用于储存的投资(单位: 十万元), x_2 表示用于广告的开支(单位: 十万元),则该公司的收入(单位: 十万元)为

$$R(x_1, x_2)=-3x_1^2+2x_1x_2-6x_2^2+30x_1+24x_2-86.$$

求最大收入额及产生该收入的储存投资及广告开支.

解 $R(x_1, x_2)=R(x)=\boldsymbol{x}^{\mathrm{T}}\boldsymbol{K}\boldsymbol{x}-2\boldsymbol{x}^{\mathrm{T}}\boldsymbol{f}+c$

$$=\boldsymbol{x}^{\mathrm{T}}\begin{pmatrix}-3 & 1\\ 1 & -6\end{pmatrix}\boldsymbol{x}-2\boldsymbol{x}^{\mathrm{T}}\begin{pmatrix}-15\\ -12\end{pmatrix}-86.$$

由于 $\boldsymbol{K}$ 的顺序主子式 $-3(<0)$, $|\boldsymbol{K}|=17\ (>0)$, 故 $\boldsymbol{K}$ 是负定矩阵, $R(x)$ 有最大值,当

$$\boldsymbol{x}=\boldsymbol{x}^*=\boldsymbol{K}^{-1}f=\begin{pmatrix}-3 & 1\\ 1 & -6\end{pmatrix}^{-1}\begin{pmatrix}-15\\ -12\end{pmatrix}=\frac{1}{17}\begin{pmatrix}-6 & -1\\ -1 & -3\end{pmatrix}\begin{pmatrix}-15\\ -12\end{pmatrix}=\begin{pmatrix}6\\ 3\end{pmatrix}$$

时, $R(x)$ 达到最大值 $R(x^*)=R(6, 3)=40$, 即当即当储存投资为 60 万元,广告开支为 30 万元时,收入额达到最大值 400 万元.

5.3.2 具有约束方程的最优化问题: 收益函数的最大化

在实际问题中,我们还常常会遇到这样的问题: 求 $f(x, y)$ 在条件 $g(x, y)=0$ 下的极值. 这种需要满足约束条件的最优化问题称为**约束最优化问题**,而前面分析的最优化问题为**无约束最优化问题**.

一般情况下,若不能由约束方程 $g(x, y)=0$ 解出显函数 $x=x(y)$ 或 $y=y(x)$, 从而将二元函数的约束最优化问题化成一元函数的无约束最优化问题,那么微积分的拉格朗日(Lagrange)乘数法将是求解这类约束最优化问题的有效方法. 下面考虑如下的问题:

$$\max_{x} f(x), \text{约束条件}: g(x)=0,$$

其中 $x \in \mathbf{R}^n$，$f(x)$ 是二次型 $\boldsymbol{x}^{\mathrm{T}}\boldsymbol{A}\boldsymbol{x}$，$g(x)=\boldsymbol{x}^{\mathrm{T}}\boldsymbol{x}-1$.

由于 $f(x)$ 是二次型，约束条件实际上就是 $\boldsymbol{x}^{\mathrm{T}}x=1$，根据下面的定理，我们可以采用更简单的纯代数的求解方法.

定理 5.7 设 $\boldsymbol{A}$ 是 n 阶实对称矩阵，记

$$m=\min\{x^{\mathrm{T}}\boldsymbol{A}x \mid \|\boldsymbol{x}\|=1\},\ M=\max\{x^{\mathrm{T}}\boldsymbol{A}x \mid \|\boldsymbol{x}\|=1\},$$

那么 M 是 $\boldsymbol{A}$ 的最大的特征值，m 是 $\boldsymbol{A}$ 的最小的特征值. 设 $\boldsymbol{\xi}$ 是 $\boldsymbol{A}$ 的属于特征值 M 的单位特征向量，则 $\boldsymbol{\xi}^{\mathrm{T}}\boldsymbol{A}\boldsymbol{\xi}=\boldsymbol{M}$. 设 $\boldsymbol{\eta}$ 是 $\boldsymbol{A}$ 的属于特征值 m 的单位特征向量，则 $\boldsymbol{\eta}^{\mathrm{T}}\boldsymbol{A}\boldsymbol{\eta}=m$.

例 5.10 某地区计划明年修建公路 x 千米和创建工业园区 y 平方千米，假设收益函数为 $f(x, y)=xy$ 受所能提供的资源(包括资金、设备、劳动力等)的限制，x 和 y 需要满足约束条件

$$4x^2+9y^2 \leqslant 36,$$

求使 $f(x, y)$ 达到最大值的计划数 x 和 y.

解 由于约束方程 $4x^2+9y^2=36$ 刻画的不是坐标平面上单位向量的集合，我们需要做变量替换. 将这个约束方程写成

$$\left(\frac{x}{3}\right)^2+\left(\frac{y}{2}\right)^2=1,$$

再设 $x_1=\dfrac{x}{3}$，$x_2=\dfrac{y}{2}$，即 $x=3x_1$，$y=2x_2$，则约束方程可以写成

$$x_1^2+x_2^2=1,$$

而目标函数变成

$$f(3x_1, 2x_2)=(3x_1)(2x_2)=6x_1x_2.$$

现在的问题就成为求 $F(x)=6x_1x_2$ 在 $x^{\mathrm{T}}x=1$ 下的最大值，其中

$$\boldsymbol{x}=\begin{pmatrix}x_1\\x_2\end{pmatrix}.$$

设 $\boldsymbol{A}=\begin{pmatrix}0&3\\3&0\end{pmatrix}$，则

$$F(x)=\boldsymbol{x}^{\mathrm{T}}\boldsymbol{A}\boldsymbol{x},$$

$\boldsymbol{A}$ 的特征值是 ± 3. 属于 $\lambda_1=3$ 的单位特征向量是 $\begin{pmatrix}1/\sqrt{2}\\1/\sqrt{2}\end{pmatrix}$，由此得，当 $x_1=\dfrac{1}{\sqrt{2}}$，$x_2=\dfrac{1}{\sqrt{2}}$ 时，$F(x)$ 取得最大值 3，即当 $x=3x_1=\dfrac{3}{\sqrt{2}}\approx 2.12$ 千米，$y=2x_2=\sqrt{2}\approx 1.41$ 平方千米时，收益函数 $f(x, y)$ 取得最大值 3.

习　题　5

1. 求下列二次型的矩阵：

(1) $f(x_1, x_2, x_3)=2x_1^2+x_3^2-4x_1x_2+3x_2x_3$.

(2) $f(x_1, x_2, x_3, x_4)=3x_2^2-x_1x_3-2x_2x_3$.

(3) $f(x_1, x_2, x_3)=x_1^2+x_2^2-7x_3^2-2x_1x_2-4x_1x_3-4x_2x_3$.

2. 用正交替换法化二次型为标准型：

(1) $f(x_1, x_2, x_3)=3x_1x_2+4x_2x_3$.

(2) $f(x_1, x_2, x_3)=x_1^2+x_2^2+2x_3^2+2x_1x_2$.

3. 用配方法化二次型为规范形：

(1) $f(x_1, x_2, x_3)=x_1^2+2x_2^2+4x_3^2+2x_1x_2+4x_2x_3$.

(2) $f(x_1, x_2, x_3)=-4x_1x_2+2x_1x_3+2x_2x_3$.

4. 判别下列二次型的正定性：

(1) $f(x_1, x_2, x_3)=-2x_1^2-6x_2^2-4x_3^2+2x_1x_2+2x_1x_3$.

(2) $f(x_1, x_2, x_3, x_4)=4x_1^2+2x_2^2-2x_2x_3+6x_3^2-2x_3x_4-x_4^2$.

5. 求 t 取什么值时，下列二次型是正定的：

(1) $5x_1^2+x_2^2+tx_3^2+4x_1x_2-2x_1x_3-2x_2x_3$.

(2) $2x_1^2+x_2^2+3x_3^2+2tx_1x_2+2x_1x_3$.

6. 设二次型 $f(x_1, x_2, x_3)=\boldsymbol{x}^{\mathrm{T}}\boldsymbol{A}\boldsymbol{x}=ax_1^2+2x_2^2-2x_3^2+2bx_1x_3(b>0)$，其中二次型的矩阵 $\boldsymbol{A}$ 的特征值之和为 1，特征值之积为 -12.

(1)求 a，b 的值.

(2) 利用正交线性变换将二次型 f 化为标准型，并写出所用的正交线性变换和对应的正交矩阵.

7. 已知二次型 $f=2x_1^2+3x_2^2+3x_3^2+2ax_2x_3(a>0)$ 通过正交变换化为标准形 $f=y_1^2+2y_2^2+5y_3^2$，求参数 a 及所用的正交变换矩阵.

8. 已知 $\boldsymbol{A}$ 与 $\boldsymbol{A}-\boldsymbol{E}$ 均是正定矩阵，证明：$\boldsymbol{E}-\boldsymbol{A}^{-1}$ 也是正定矩阵.

9. 设 $\boldsymbol{A}$ 为实对称矩阵，证明：存在实数 k，使得 $\boldsymbol{A}+k\boldsymbol{E}$ 是正定矩阵.

10. 设 $\boldsymbol{A}$ 为实对称矩阵，且满足 $\boldsymbol{A}^2-3\boldsymbol{A}+2\boldsymbol{I}=O$. 证明：$\boldsymbol{A}$ 为正定矩阵.

11. 设 $\boldsymbol{A}$、$\boldsymbol{B}$ 都是 n 阶正定矩阵，证明：$\boldsymbol{AB}$ 正定的充分必要条件是 $\boldsymbol{AB}=\boldsymbol{BA}$.

12. 给定三个有一定需求关系的市场，它们由一个垄断商供货，三个对应的需求函数分别是 $p_1=14-2q_1-q_2-q_3$，$p_2=24-2q_1-4q_2-2q_3$，$p_3=36-2q_1-4q_2-6q_3$. 又假定其成本函数为 $C=3+2(q_1+q_2+q_3)$，则当三个市场的供应量分别为多少时，可使垄断商的总利润最大？并求出最大利润(其中 p_i，q_i 分别是三个市场的价格和供应量，$i=$

1, 2, 3).

13. 某公司在生产中使用甲、乙两种原料,如果甲和乙两种原料分别使用 x 单位和 y 单位,那么可生产 Q 单位的产品,且

$$Q=Q(x, y)=10xy+20.2x+30.3y-10x^2-5y^2.$$

已知甲原料单价为 20 元/单位,乙原料单价为 30 元/单位,产品每单位售价为 100 元,产品固定成本为 1 000 元,求该公司的最大利润.

习题参考答案

习　题　1

1. (1) 11，奇.　(2) 9，奇.　(3) $\dfrac{(n-1)n}{2}$，当 $n=4k$ 或 $n=4k+1$ 时，偶；当 $n=4k+2$ 或 $n=4k+3$ 时，奇.　(4) $\dfrac{n(3n-1)}{2}$，偶.

2. $-a_{11}a_{32}a_{23}a_{44}$，$-a_{14}a_{43}a_{21}a_{32}$.

3. (1) -15.　(2) 0.　(3) 20.　(4) $-2(a^3+b^3)$.

4. $2x^4$；$-x^3$.

5. (1) 160.　(2) $x^3(x+4)$.　(3) -20.　(4) $(-1)^{n+1}n!$.

(5) $[a+(n-1)b](a-b)^{n-1}$.　(6) $(-1)^n(x-1)(x-2)\cdots(x-n)$.

6. 0.

7. (1) $x_1=1$；$x_2=1$；$x_3=0$；$x_4=-1$.　(2) $x_1=-2$；$x_2=0$；$x_3=1$；$x_4=-1$.

(3) $x_1=0$；$x_2=1$；$x_3=0$；$x_4=1$.

8. $\lambda=1$ 或 $\lambda=2$.

9. 当 $\mu=0$ 时，有非零解 $x_1=1$；$x_2=1-\lambda$；$x_3=-1$.

10～12. 略

习　题　2

1. $\boldsymbol{A}+\boldsymbol{B}=\begin{pmatrix}5&2&-2\\4&-1&3\\-4&3&0\end{pmatrix}$，$2\boldsymbol{A}-3\boldsymbol{B}=\begin{pmatrix}-5&-1&6\\-7&8&1\\7&1&5\end{pmatrix}$.

2. $\boldsymbol{AB}-\boldsymbol{BA}=\begin{pmatrix}1&-4&6\\-17&-17&3\\9&-18&16\end{pmatrix}$，$\boldsymbol{A}^2-\boldsymbol{B}^2=\begin{pmatrix}9&4&6\\-15&-15&9\\-3&26&-13\end{pmatrix}$，

$(\boldsymbol{A}+\boldsymbol{B})(\boldsymbol{A}-\boldsymbol{B})=\begin{pmatrix}8&8&0\\2&2&6\\-12&44&-29\end{pmatrix}$，$\boldsymbol{B}^{\mathrm{T}}\boldsymbol{A}^{\mathrm{T}}=\begin{pmatrix}5&6&7\\-5&1&-3\\5&11&22\end{pmatrix}$.

3. (1) $\begin{pmatrix}-1 & 0\\ 0 & -1\end{pmatrix}$. (2) $\begin{pmatrix}9 & -3 & 5\\ 21 & -9 & 14\end{pmatrix}$. (3) $\begin{bmatrix}18\\ 10\\ 26\end{bmatrix}$. (4) $a_1^2+a_2^2+a_3^2$.

(5) $x^2+2y^2+z^2+2xz+8yz$.

4. (1) $\begin{pmatrix}-7 & -6\\ 12 & 8\end{pmatrix}$. (2) $\begin{pmatrix}1 & 1\\ 0 & 0\end{pmatrix}$. (3) $\begin{bmatrix}\lambda_1^n & 0 & 0\\ 0 & \lambda_2^n & 0\\ 0 & 0 & \lambda_3^n\end{bmatrix}$. (4) $\begin{bmatrix}0 & 0 & 0\\ 0 & 0 & 0\\ 0 & 0 & 0\end{bmatrix}$.

5. (1) $f(\boldsymbol{A})=\begin{bmatrix}18 & 9 & 9\\ 9 & 18 & 9\\ 9 & 9 & 18\end{bmatrix}$. (2) $f(\boldsymbol{A})=\begin{bmatrix}1 & 0 & 5\\ 0 & -4 & 0\\ 5 & 0 & 1\end{bmatrix}$.

6~8. 略 **9.** $-\dfrac{16}{27}$.

10. $(\boldsymbol{A}^*)^{-1}=\begin{bmatrix}5 & -2 & -1\\ -2 & 2 & 0\\ -1 & 0 & 1\end{bmatrix}$.

11. (1) $\begin{pmatrix}5 & -2\\ -2 & 1\end{pmatrix}$. (2) $\begin{bmatrix}-1 & 2 & 0\\ 2 & -\dfrac{7}{2} & \dfrac{1}{2}\\ -1 & \dfrac{5}{2} & -\dfrac{1}{2}\end{bmatrix}$. (3) $\begin{bmatrix}-\dfrac{1}{4} & -\dfrac{5}{4} & \dfrac{3}{4}\\ \dfrac{1}{4} & -\dfrac{3}{4} & \dfrac{1}{4}\\ \dfrac{1}{2} & \dfrac{3}{2} & -\dfrac{1}{2}\end{bmatrix}$.

(4) $\begin{bmatrix}3 & -5 & -8 & 13\\ -1 & 2 & 3 & -5\\ 0 & 0 & 1 & -1\\ 0 & 0 & -1 & 2\end{bmatrix}$.

12. (1) $\begin{pmatrix}-24 & 42\\ 19 & -33\end{pmatrix}$. (2) $\begin{bmatrix}2 & \dfrac{2}{3}\\ -3 & \dfrac{2}{3}\\ -1 & -1\end{bmatrix}$. (3) $\begin{bmatrix}2 & 3\\ 1 & -2\\ -1 & 1\end{bmatrix}$.

13~14. 略

15. (1) $\begin{bmatrix}-2 & 1\\ 1 & -2\\ 3 & -2\end{bmatrix}$. (2) $\begin{bmatrix}3 & 0 & -2\\ 5 & -1 & -2\\ 0 & 3 & 2\end{bmatrix}$.

16. (1) $\begin{pmatrix} 1 & 0 & \frac{7}{2} & \frac{5}{2} \\ 0 & 1 & -\frac{1}{4} & \frac{3}{4} \\ 0 & 0 & 0 & 0 \end{pmatrix}$. (2) $\begin{pmatrix} 1 & 0 & 0 \\ 0 & 1 & 0 \\ 0 & 0 & 1 \\ 0 & 0 & 0 \end{pmatrix}$.

17. $\begin{pmatrix} 1 & 0 & 0 & 0 \\ 0 & 1 & 0 & 0 \\ 0 & 0 & 0 & 0 \end{pmatrix}$.

18. (1) $\begin{pmatrix} 0 & 2 & -1 \\ \frac{1}{2} & -\frac{7}{2} & 2 \\ -\frac{1}{2} & \frac{5}{2} & -1 \end{pmatrix}$. (2) $\begin{pmatrix} \frac{1}{2} & 0 & 0 & \frac{1}{2} \\ \frac{1}{2} & 0 & -\frac{1}{2} & 0 \\ \frac{1}{2} & -\frac{1}{2} & 0 & 0 \\ \frac{1}{2} & -\frac{1}{2} & -\frac{1}{2} & \frac{1}{2} \end{pmatrix}$.

(3) $\begin{pmatrix} & & & \frac{1}{a_n} \\ & & \frac{1}{a_{n-1}} & \\ & \iddots & & \\ \frac{1}{a_1} & & & \end{pmatrix}$.

19. 略

20. (1) 状态转移矩阵 $\boldsymbol{P}=\begin{pmatrix} 0.6 & 0.25 \\ 0.4 & 0.75 \end{pmatrix}$.

(2) $\boldsymbol{x}^{(1)}=\boldsymbol{P}\boldsymbol{x}^{(0)}=\begin{pmatrix} 0.6 & 0.25 \\ 0.4 & 0.75 \end{pmatrix}\begin{pmatrix} 0.7 \\ 0.3 \end{pmatrix}=\begin{pmatrix} 0.495 \\ 0.505 \end{pmatrix}$,

$\boldsymbol{x}^{(2)}=\boldsymbol{P}\boldsymbol{x}^{(1)}=\begin{pmatrix} 0.6 & 0.25 \\ 0.4 & 0.75 \end{pmatrix}\begin{pmatrix} 0.495 \\ 0.505 \end{pmatrix}=\begin{pmatrix} 0.423\,25 \\ 0.576\,75 \end{pmatrix}$,

$\boldsymbol{x}^{(3)}=\boldsymbol{P}\boldsymbol{x}^{(2)}=\begin{pmatrix} 0.6 & 0.25 \\ 0.4 & 0.75 \end{pmatrix}\begin{pmatrix} 0.423\,25 \\ 0.576\,75 \end{pmatrix}=\begin{pmatrix} 0.398\,137\,5 \\ 0.601\,862\,5 \end{pmatrix}$.

从上述结果可以预测,顾客的购买率正在下降.

习 题 3

1. (1) $\begin{pmatrix}-8\\-2\\9\end{pmatrix}$，$\begin{pmatrix}-8\\8\\-2\end{pmatrix}$.

2. $(1\quad 2\quad 3\quad 4)$.

3. (1) $\beta=3\alpha_1-\alpha_2$，但不唯一.

(2) $\beta=2\alpha_1+\alpha_2-\alpha_3$.

4. (1) 线性无关.

(2) 线性无关.

(3) 线性相关.

(4) 线性相关.

5. $abc=1$.

6～9. 略

10. 秩为 2.

11. $a=2$，$b=5$.

12. (1) 秩为 3，α_1，α_2，α_4.

(2) 秩为 3，α_1，α_2，α_3.

13. $a\neq-5$，$a\neq-3$.

14. (1) 2.　(2) 4.

15. (1) 2.　(2) 3.

16. (1) 无解.　(2) 有唯一解.

17. (1) $\lambda\neq1$ 且 $\lambda\neq-2$ 时有唯一解；$\lambda=-2$ 时无解；$\lambda=1$ 时无穷多解.

(2) $\lambda\neq1$ 且 $\lambda\neq3$ 时有唯一解；$\lambda=3$ 时无解；$\lambda=1$ 时无穷多解.

18. (1) $\begin{pmatrix}x_1\\x_2\\x_3\\x_4\end{pmatrix}=k\begin{pmatrix}12\\-5\\2\\0\end{pmatrix}$，$(k\in\mathbf{R})$.

(2) $\begin{pmatrix}x_1\\x_2\\x_3\\x_4\end{pmatrix}=k_1\begin{pmatrix}-1\\3\\5\\0\end{pmatrix}+k_2\begin{pmatrix}-6\\-7\\0\\5\end{pmatrix}$，$(k_1, k_2\in\mathbf{R})$.

19. (1) $x=k\begin{pmatrix}-2\\1\\1\end{pmatrix}+\begin{pmatrix}-1\\2\\0\end{pmatrix}$，$(k\in\mathbf{R})$.

(2) $x=k_1\begin{pmatrix}-\frac{9}{7}\\ \frac{1}{7}\\ 1\\ 0\end{pmatrix}+k_2\begin{pmatrix}\frac{1}{2}\\ -\frac{1}{2}\\ 0\\ 1\end{pmatrix}+\begin{pmatrix}1\\ -2\\ 0\\ 0\end{pmatrix}$, $(k_1, k_2\in\mathbf{R})$.

20. (1) $\lambda\neq 1$ 且 $\lambda\neq -2$ 时方程组有唯一解,且唯一解为 $x_1=-\frac{\lambda+1}{\lambda+2}$, $x_2=-\frac{1}{\lambda+2}$,

$x_3=-\frac{(\lambda+1)^2}{\lambda+2}$.

(2) $\lambda=-2$ 时方程组无解.

(3) $\lambda=1$ 时方程组有无穷多组解,且其通解为:

$$\begin{pmatrix}x_1\\ x_2\\ x_3\end{pmatrix}=\begin{pmatrix}1\\ 0\\ 0\end{pmatrix}+k_1\begin{pmatrix}-1\\ 1\\ 0\end{pmatrix}+k_2\begin{pmatrix}-1\\ 0\\ 1\end{pmatrix}, (k_1, k_2\in\mathbf{R}).$$

21. $x=k\begin{pmatrix}1\\ 2\\ 4\\ 7\end{pmatrix}+\begin{pmatrix}1\\ 2\\ 3\\ 4\end{pmatrix}$, $(k\in\mathbf{R})$.

22～24. 略

25. (1) 线性方程组为$\begin{cases}x_1+x_4=1\,200\\ x_1+x_2=1\,000\\ x_3+x_4=600\\ x_2+x_3=400\end{cases}$.

(2) $x_1=900$, $x_2=100$, $x_3=300$.

(3) 最大值为 1 000,最小值为 200.

习 题 4

1. (1) 0. (2) 1.

2. (1) $\frac{1}{7}\begin{pmatrix}2\\ 3\\ 0\\ -6\end{pmatrix}$. (2) $\frac{1}{\sqrt{14}}\begin{pmatrix}3\\ 0\\ \sqrt{2}\\ \sqrt{3}\end{pmatrix}$.

3. (1) $(\alpha, \beta)=\arccos\frac{3}{\sqrt{7}}$. (2) $(\alpha, \beta)=\frac{\pi}{2}$.

4. (1) $\frac{1}{\sqrt{6}}\begin{pmatrix}1\\2\\-1\end{pmatrix}, \frac{1}{\sqrt{3}}\begin{pmatrix}-1\\1\\1\end{pmatrix}, \frac{1}{\sqrt{2}}\begin{pmatrix}1\\0\\1\end{pmatrix}$. (2) $\begin{pmatrix}1\\1\\1\end{pmatrix}, \begin{pmatrix}-1\\0\\1\end{pmatrix}, \begin{pmatrix}\frac{5}{6}\\-\frac{5}{3}\\\frac{5}{6}\end{pmatrix}$.

5. (1) 不是. (2) 是.

6. 略

7. (1) $\lambda_1=7, \lambda_2=7, \begin{pmatrix}1\\1\end{pmatrix}\begin{pmatrix}4\\-5\end{pmatrix}$. (2) $\lambda_1=\lambda_2=1, \lambda_3=-1, \begin{pmatrix}0\\1\\0\end{pmatrix}, \begin{pmatrix}1\\0\\1\end{pmatrix}, \begin{pmatrix}-1\\0\\1\end{pmatrix}$.

(3) $\lambda_1=\lambda_2=\lambda_3=-1, \begin{pmatrix}-1\\-1\\1\end{pmatrix}$.

(4) $\lambda_1=\lambda_2=\lambda_3=0, \lambda_4=4, \begin{pmatrix}-1\\1\\0\\0\end{pmatrix}\begin{pmatrix}-1\\0\\1\\0\end{pmatrix}\begin{pmatrix}-1\\0\\0\\1\end{pmatrix}\begin{pmatrix}1\\1\\1\\1\end{pmatrix}$.

8. $\boldsymbol{A}=\begin{pmatrix}-\frac{1}{2} & -\frac{3}{2}\\-\frac{3}{2} & -\frac{1}{2}\end{pmatrix}$.

9. $x=4, y=5$.

10. $a=0, \boldsymbol{P}=\begin{pmatrix}1 & 0 & 1\\2 & 0 & -2\\0 & 1 & 0\end{pmatrix}$.

11. (1) $-6, -4, -12$. (2) $|\boldsymbol{B}|=-288, |\boldsymbol{A}-5\boldsymbol{E}|=-72$.

12. (1) $\boldsymbol{T}=\begin{pmatrix}\frac{1}{3} & -\frac{2}{\sqrt{5}} & \frac{2}{3\sqrt{5}}\\\frac{2}{3} & \frac{1}{\sqrt{5}} & \frac{4}{3\sqrt{5}}\\-\frac{2}{3} & 0 & \frac{5}{3\sqrt{5}}\end{pmatrix}$. (2) $\boldsymbol{T}=\begin{pmatrix}\frac{1}{\sqrt{2}} & 0 & \frac{1}{\sqrt{2}}\\0 & 1 & 0\\\frac{1}{\sqrt{2}} & 0 & -\frac{1}{\sqrt{2}}\end{pmatrix}$.

13. $\boldsymbol{A}^n=\begin{pmatrix}-1 & 1 & 0\\ -2 & 2 & 0\\ 4 & -2 & 1\end{pmatrix}(=\boldsymbol{A})$.

14. (1) $\boldsymbol{\lambda}=0$, $\begin{pmatrix}-1\\ 1\\ 1\end{pmatrix}$. (2) $\boldsymbol{A}=\begin{pmatrix}4 & 2 & 2\\ 2 & 4 & -2\\ 2 & -2 & 4\end{pmatrix}$.

15～16. 略

17. (1) 特征值 $\lambda_1=0.09$，$\lambda_2=1$，$\lambda_3=0.25$，相应的特征向量

$$\boldsymbol{p}_1=\begin{pmatrix}-0.784\ 5\\ 0.196\ 1\\ 0.588\ 3\end{pmatrix},\ \boldsymbol{p}_2=\begin{pmatrix}0.620\ 2\\ 0.248\ 1\\ 0.744\ 2\end{pmatrix},\ \boldsymbol{p}_3=\begin{pmatrix}0.620\ 2\\ 0.248\ 1\\ 0.744\ 2\end{pmatrix}.$$

(2) 5 月 1 日,顾客去加油站Ⅰ、Ⅱ、Ⅲ的市场份额为 $\begin{pmatrix}\dfrac{19}{30}\\ \dfrac{143}{600}\\ \dfrac{229}{600}\end{pmatrix}$，

12 月 1 日去加油站Ⅰ、Ⅱ、Ⅲ的市场份额为 $\begin{pmatrix}\dfrac{5}{13}\\ \dfrac{2\ 327}{15\ 125}\\ \dfrac{6\ 983}{15\ 130}\end{pmatrix}$.

18. 每年替换 527 支灯管.

习　题　5

1. (1) $\begin{pmatrix}2 & -2 & 0\\ -2 & 0 & \dfrac{3}{2}\\ 0 & \dfrac{3}{2} & 1\end{pmatrix}$. (2) $\begin{pmatrix}0 & 0 & -\dfrac{1}{2} & 0\\ 0 & 3 & -1 & 0\\ -\dfrac{1}{2} & -1 & 0 & 0\\ 0 & 0 & 0 & 0\end{pmatrix}$. (3) $\begin{pmatrix}1 & -1 & -2\\ -1 & 1 & -2\\ -2 & -2 & -7\end{pmatrix}$.

2. (1) $f(x_1, x_2, x_3)=\dfrac{5}{2}y_1^2-\dfrac{5}{2}y_2^2$. (2) $f(x_1, x_2, x_3)=2y_1^2+2y_2^2$.

3. (1) $f(x_1, x_2, x_3)=y_1^2+y_2^2$. (2) $f(x_1, x_2, x_3)=y_1^2+y_2^2-y_3^2$.

4. (1) 负定.　(2) 不正定.

5. (1) $t>2$.　(2) $|t|<\sqrt{\frac{5}{3}}$.

6. (1) $a=1$, $b=2$.　(2) 正标准为 $2y_1^2+2y_2^2-3y_3^2$，正交矩阵为 $\begin{pmatrix} \frac{2}{\sqrt{5}} & 0 & \frac{1}{\sqrt{5}} \\ 0 & 1 & 0 \\ \frac{1}{\sqrt{5}} & 0 & -\frac{2}{\sqrt{5}} \end{pmatrix}$.

7. $a=2$, $\begin{pmatrix} 0 & 1 & 0 \\ \frac{1}{\sqrt{2}} & 0 & \frac{1}{\sqrt{2}} \\ -\frac{1}{\sqrt{2}} & 0 & \frac{1}{\sqrt{2}} \end{pmatrix}$.

8～11. 略

12. 当 $q_1=\frac{5}{7}$, $q_2=\frac{11}{14}$, $q_3=\frac{95}{42}$ 时，最大利润约为 47.36.

13. 当甲和乙两种原料分别使用 5 和 8 时，利润函数达到最大值 16 000 元.

参 考 文 献

[1] 上海财经大学应用数学系. 线性代数[M]. 上海：上海财经大学出版社，2011.
[2] 同济大学数学教研室. 线性代数[M]. 北京：高等教育出版社，2000.
[3] 邱森. 线性代数学习指导与习题解析[M]. 武汉：武汉大学出版社，2014.
[4] 陈建龙，周建华，韩瑞珠，等. 线性代数[M]. 北京：科学出版社，2007.
[5] 居余马，胡金德，林翠琴，等. 线性代数[M]. 北京：清华大学出版社，2002.
[6] 吴赣昌. 线性代数(经管类)[M]. 北京：中国人民大学出版社，2007.
[7] 李捷，涂晓青. 线性代数简明教程[M]. 成都：西南财经大学出版社，2009.